Ioïs Stradanus inuen

© Edition Raetia, Bozen 2006

Grafisches Konzept: Dall'O & Freunde, Bozen
Druckvorstufe: Typoplus, Frangart
Druck: Fotolito Varesco, Auer

ISBN: 88-7283-281-0
ISBN-13: 978-88-7283-281-3

www.raetia.com

Bruno Hespeler

# Brunos Heimkehr

Bär, Wolf und Luchs kommen wieder.
Ängste, Risiken und Hoffnungen

# Vorweg

Bruno! Eines Tages, im Frühsommer 2006, war er da, einfach da. Er kam aus dem Trentino, war über Südtirol nach Vorarlberg gewandert und hatte dort zweimal einen Schafstall aufgebrochen, ehe er die Grenze nach Bayern überschritt. Bis zu diesem Moment war, sieht man von ein paar italienischen Wildbiologen ab, deren Aufgabe es war, sich um die Bären des italienischen Alpenraums zu kümmern, das Interesse an ihm bescheiden. Aber in dem Moment, da er seine Tatzen auf bayerischen Boden setzte, stand er im Mittelpunkt des öffentlichen Interesses. Er wurde von einer Stunde zur anderen ein Medienstar. Bruno beherrschte fortan – ohne dass er etwas tat, was für Bären ungewöhnlich gewesen wäre – die Schlagzeilen. Selbst die bevorstehende Fußballweltmeisterschaft vermochte ihn nicht aus diesen zu vertreiben. Dass dem so war, verdankt Bruno vorrangig einem tapferen bayerischen Minister, der ihn, nach zunächst herzlicher Begrüßung, zur Gefahr für Volk und Landeskultur erklärte und zum alsbaldigen Tod durch Erschießen verurteilte. Aber dieses Thema wollen wir erst später angehen.

Viel wesentlicher ist, dass Bruno mit seinem kurzen und traurig endenden Besuch in Süddeutschland auf etwas aufmerksam machte, was sich bereits seit Jahren in aller Stille entwickelte – die Rückkehr von Bär, Wolf und Luchs in den Alpenraum. Hunderttausende Deutsche, Niederländer, Österreicher und Franzosen hatten in den letzten zwei Jahrzehnten schon mitten zwischen wilden Bären Urlaub gemacht – ohne es zu ahnen! Sie durchwanderten mit den Bären Südtirol, Kärnten, das steirisch-niederösterreichische Ötschergebiet, und manche drangen auch tiefer in den Süden vor, ins Trentino oder gar nach Slowenien. Keiner von ihnen wurde gefressen.
Bären, Luchse und selbst Wölfe verhalten sich überwiegend als Wesen, von denen man nichts oder nur ausnahmsweise etwas bemerkt. Während ich hier im Büro sitze und schreibe, fällt mein Blick übers Tal auf unseren Hausberg, den Dobratsch. Das ist einer der am häufigsten begangenen und befahrenen Berge Kärntens. Bis auf knapp 1800 Meter Seehöhe hinauf bringt eine Mautstraße die Touristenschwärme; eine ganze Reihe von Steigen führt vom Tal

zum Gipfel, und oben befindet sich neben dem Sender des ORF ein ganzjährig geöffnetes Gasthaus. Und ausgerechnet auf und um diesen so stark vom Publikum frequentierten Dobratsch herum werden jedes Jahr Begegnungen zwischen Mensch und Braunbär registriert. Doch von den Menschen in unserem Dorf wissen die wenigsten, dass in den sie umgebenden Wäldern einige wilde Bären ihre Fährten ziehen. Spricht man sie darauf an, haben die meisten nur ein müdes, ungläubiges Lächeln übrig. Es gibt freilich auch kaum Schafe hier, denen der Bär hin und wieder einen Besuch abstatten würde. Wäre dem so, hätte sich seine Anwesenheit zweifellos herumgesprochen.

Die Ursachen für diese Uninformiertheit und das vielfache Desinteresse liegen auf der Hand. Immer mehr Menschen wohnen heute in Städten, und sie erleben Natur immer flüchtiger und distanzierter. Doch im gleichen Maße wächst ihre Sehnsucht nach Natur und nach einer vermeintlich heilen Welt. Wir alle streben danach, „in Einklang mit der Natur" zu leben, einem zur Mode gewordenen Schlagwort, über dessen Sinn und Inhalt wir kaum nachdenken. Unser faktisches Wissen ist insgesamt, weil wir Teil einer Informationsgesellschaft sind, um vieles größer als jenes früherer Generationen. Aber das direkte Erleben der Natur bewegt sich für die Mehrheit der Bevölkerung in einem absolut rudimentären Bereich. Ihre Einstellung zur Natur resultiert bei vielen Menschen nur noch aus dem durch Kommunikation erworbenen rein faktischen Wissen. Auch das direkte Erleben liefert Fakten, darüber hinaus aber auch Emotionen. Wer in der Stadt lebt und immer wieder erfährt, wie bedroht viele Tierarten draußen in freier Landschaft sind, der wird sich für diese begeistern. Der Bauer, dem der Luchs ein Schaf aus der Herde holt, und der Imker, dem der Bär den Bienenstock aufbricht, sie hegen im günstigen Fall zwiespältige Gefühle, selbst dann, wenn ihnen der entstandene Schaden widerspruchslos und großzügig ersetzt wird. Und so entstehen gegensätzliche Betrachtungsweisen, Gefühle und Forderungen.

Daher variieren auch die Einstellungen zur Rückkehr des Großraubwildes von der glühenden Befürwortung bis zur geradezu hasserfüllten Ablehnung. Was aber heißt überhaupt „Großraubwild"? Zerlegt man dieses Wort, erhält man drei Fragmente, von denen

jedes einzelne Ängste hervorrufen kann: Das Wort „groß" suggeriert uns schon eine Unterlegenheit oder besser gesagt eine Ausge-
liefertheit. Der „große" Bär und wir kleinen, hilflosen Menschen.
Mit dem Wort „Raub" verbinden wir immer etwas Schlimmes, ja
etwas Kriminelles, nämlich die Angst beraubt zu werden, und
schließlich steht hinter einem Raub der körperliche Schaden, ja
gelegentlich sogar der Tod. Selbst das Wort „Wild" kann Angst
machen, nämlich dann, wenn wir darunter nicht ein freies Leben,
sondern ein ungebärdetes, unkontrollierbares, andere bedrohendes
Verhalten verstehen.

Der Bär ist im genannten Sinne freilich alles andere als wild; er ist
im Gegenteil ein höchst scheues Tier. In seinem Verhalten gegenüber dem Menschen steht er einem Reh näher als einem Dackel.
Doch vor einem Reh fürchten sich auch die ängstlichen Gemüter
nicht, vor einem Dackel aber sehr viele. Freilich ist der Bär auch
ein recht kluges Tier, das sich, trotz aller Scheu, gelegentlich in die
Nähe des Menschen wagt, nämlich dann und dort, wo er von diesem mehr zu erwarten als zu befürchten hat.

Auch Wolf und Luchs befinden sich auf dem Heimweg. Vor einem
Vierteljahrhundert wurden beide von vielen Jägern noch als reißende Bestien gesehen. Inzwischen ist der Luchs auch nach
Deutschland zurückgekehrt, und die Diskussion um ihn ist um
vieles sachlicher geworden. Die Zahl seiner Freunde unter den Jägern wächst. Wenngleich dem Großraubwild zugerechnet, ist der
Luchs doch kleiner und leichter als ein simpler Deutscher Schäferhund. Dabei ist die Zahl der Menschen, die in Mitteleuropa durch
Hunde dieser Größe zu Schaden, ja ums Leben kommen, beacht-
lich. Durch den Luchs kam kein einziger zu Schaden. Und was den
uns schon in zahlreichen Märchen und Geschichten als menschen-
fressende Bestie vorgestellten Wolf betrifft, so kann man sich einen
größeren, auch den einzelnen Menschen absolut fürchtenden Hasenfuß kaum denken!

Wir dürfen die Rückkehr des sogenannten „Großraubwildes" also
durchaus gelassen zur Kenntnis nehmen. Die simple Fahrt ins Büro,
das Zubereiten eines Mittagessens, ja selbst der Arztbesuch oder
gar das Skiwochenende, sie alle sind mit weit höheren Risiken verbunden als der Spaziergang im nächtlichen Bärenwald! Und was

die von Großraubwild verursachten wirtschaftlichen Schäden betrifft, so liegen diese, selbst wenn alle geeigneten Lebensräume
wieder von Bär, Wolf und Luchs besiedelt würden, wahrscheinlich
weit unter jenen Kosten, die an einem einzigen Wochenende durch
Sportunfälle entstehen oder die von der öffentlichen Hand zur För-
derung moderner Kunst ausgegeben werden. Ich glaube aber, es ist
von Grund auf falsch, wenn wir bei der Rückwanderung der drei
Arten zuerst nach den Kosten fragen. Als Lebewesen haben Wildtiere einen Wert an sich, und sie haben überdies einen – wenn auch
schwer quantifizierbaren – Erlebniswert für den Menschen! Wenn
wir beide, meine Frau und ich, im Bärenwald wandern, und wir tun
das oft, dann fühlen wir uns nicht bedroht, eher frei und bereichert.
Und wenn wir gar die Fährte, einen Kothaufen, einen Baum, von
dem der Bär auf der Suche nach Insektenlarven die Rinde gerissen
hat, oder ein anderes Zeichen finden, das uns die Anwesenheit
eines Bären bestätigt, dann versetzt uns das in Freude. Als Jäger
kommt in mir auch kein Zorn auf, wenn ich ein vom Luchs gerissenes Reh finde. Im Gegenteil: Der Fund macht mir bewusst, dass
ich das Privileg habe, in einer noch halbwegs intakten Landschaft
leben und jagen zu dürfen. Ich kann mir die Eintrittskarten für Aida
in der Arena von Verona kaufen und die Karten für den Opernball
in Wien; ich kann mir einen Flug um die Welt buchen, aber nicht
die atemraubende Begegnung mit dem Bären im Heimatwald und
nicht den Abdruck seiner Pranten im Gemüsebeet unseres Gartens!

Als im Frühsommer 2006 erstmals seit rund 170 Jahren ein junger
Braunbär in Bayern auftauchte, entwickelte sich sein Besuch vom
ersten Tag weg zur Komödie. Zunächst überschwänglich begrüßt,
wurde er binnen Tagen zur unerwünschten Person, schließlich zum
Sicherheitsrisiko für den blauweißen Freistaat erklärt. Der königs-
treue Schriftsteller, Volksschauspieler und Regisseur Georg Loh-
meier hätte den Stoff problemlos zu Folge 53 seines „Königlich
Bayerischen Amtsgerichts" verarbeiten können. Die von politischer
wie anderer Seite gegebenen Kommentare waren allen Ernstes
tauglich, original übernommen zu werden. So mag es der Leser
dieses Buches nachsehen, wenn diese chronologische Berichterstat-
tung und die allfällige Kommentierung punktuell satirische Züge
aufweist.

# Wer war Bruno?

Bruno war, sein Name deutet es schon an, Italiener. Allerdings haben ihm diesen Namen erst die Österreicher verliehen. Das ist sinnig, denn der Name Bruno kommt aus dem Germanischen und bedeutet nichts anderes als – Bär. In seiner Heimat hieß er JJ1. So nannte ihn jedoch, außer ein paar Wildbiologen, die für ihn und seine im Trentino ansässigen Artgenossen zuständig waren, vorher kaum jemand. Man nannte ihn überhaupt nicht. JJ1, oder bleiben wir doch bei dem inzwischen aller Welt vertrauteren Bruno (selbst die New York Times nannte ihn so), war einfach da, so wie andere Bären auch. Niemand in Italien hatte seinetwegen die Hosen voll.

Was seine Staatsangehörigkeit betrifft, sei ein Zusatz erlaubt. Bruno war zwar zweifelsfrei Italiener, allerdings mit slowenischen Wurzeln. In seiner Jurka genannten Mutter fließt slawisches Blut. Sie wurde 1998 südlich von Postojna in den Wäldern unterm Snežnik (Schneeberg) geboren, als erwachsene Bärin eingefangen und zur Blutauffrischung ins Trentino versetzt. Im Trentino, genauer in der Adamello-Brenta-Gruppe hatte man, anders als in Deutschland und in der Schweiz, die Bären nie ausgerottet. Allerdings war das dortige Vorkommen (von einer Population konnte schon lange nicht mehr gesprochen werden) im Laufe der Jahrzehnte auf einen winzigen, nur noch aus wenigen Tieren bestehenden Restbestand geschrumpft, der zu anderen Bärenvorkommen längst keine Kontakte mehr hatte. Genau die sind aber wichtig, soll es nicht zur Inzucht kommen, was bei so kleinen Restvorkommen über kurz oder lang zum Erlöschen führt.

Jurka war eines von zehn Tieren, die im Rahmen des italienischen „Life Ursus"-Projekts von Slowenien nach Italien übersiedelt wurden. Auch Brunos Vater, Joze, ist gebürtiger Slowene und Jahrgang 1994. Die Anfangsbuchstaben der elterlichen Namen Jurka und Joze bilden Brunos amtlichen Namen. Hinzu kam die Ziffer 1, weil er der Erstgeborene war. Bruno hatte noch einen jüngeren Bruder, der – logisch – JJ2 genannt wurde.

Bären werden meist zwei Jahre lang von ihren Müttern geführt. Das heißt, sie ziehen, sammeln und jagen mit diesen, weil ihnen für ein

Brunos Mutter Jurka stammt aus Slowenien und fühlt sich im Trentino wohl.
Hier spaziert sie gerade auf einem Waldweg.

eigenständiges Leben noch die Erfahrung fehlt. Im dritten, selten
auch erst im vierten Lebensjahr müssen sie aus dem mütterlichen
Revier weichen und sich ein eigenes suchen. Das ist in den eigent-
lichen Bärengebieten oft schwierig, weil es kaum unbesetzte Reviere gibt. Vor allem die erwachsenen männlichen Bären dulden
keine Rivalen in ihrem Streifgebiet. Bruno hätte sicher sehr schnell
ein freies Revier gefunden. Schließlich gibt es außerhalb des
Adamello-Brenta-Naturparks keine festen Bärenvorkommen. Zwar
machte 2004 schon einmal ein „Adamello-Auswanderer" von sich
reden, der mehrfach Südtirol besuchte. Aber das nächste halbwegs
feste Bärenvorkommen finden wir erst gut 100 Kilometer weiter
östlich in Friaul oder im westlichen Kärnten. Dazwischen liegen
weite bärenfreie Räume, in denen er sich ziemlich sorglos hätte
niederlassen können. Dass er dies nicht tat, mag damit zusammen-
hängen, dass Bären zwar Einzelgänger sind, aber durchaus die fühl-
bare Nähe von Artgenossen suchen, auch wenn sie den direkten
Kontakt außerhalb der Paarungszeit eher meiden.

Bruno wanderte in Richtung Norden:

**Am 4. Mai** überschritt er die Grenze nach Nordtirol (Österreich) und wanderte von dort ins benachbarte Vorarlberg. Unterwegs war er der Schweizer Grenze bis auf wenige Kilometer nahe gekommen. Hätte er den Weg über den Ofenpass westwärts eingeschlagen, wäre er möglicherweise freundlicher begrüßt worden und heute noch am Leben. Immerhin hofft man im direkt an der Grenze liegenden Schweizer Nationalpark seit geraumer Zeit auf einen Zuwanderer.

**Am 10. Mai,** sechs Tage später, riss Bruno im Montafon zwei Schafe und ruft damit die Medien auf den Plan. Hass, wie ihn später etliche bayerische Bauern in den Medien zeigen, verursacht sein Verhalten nicht. Im Gegenteil, schon zwei Tage danach wurde im Internet für das „Bärenland Vorarlberg" Fremdenverkehrswerbung betrieben. Der aufgebrochene Schafstall wurde zu einer kleinen Attraktion, die man sehen will, ähnlich wie das „Schloss am Wörthersee". Motto: „Gehen wir Bärenschaden schauen!"

Erstmals auf seiner Wanderung gesehen wurde Bruno auf dem Rückweg nach Nordtirol, und zwar von zwei Jägern auf dem Zeinisjoch. Die beiden freuten sich über den Anblick. Sie hätten aber auch eine Notwehrsituation konstruieren und den Bären erschießen können. Der Bär durchstreifte das Tiroler Oberland, holte sich Reiseproviant aus einem Hühnerstall und wurde im Paznauntal von einem Bauern gesehen. Wäre er nur dort geblieben, er hätte immer noch Überlebenschancen gehabt. So aber wanderte er ins Außerfern, in den bereits an der Grenze zu Bayern liegenden Tiroler Bezirk Reutte.

**Am 17. Mai** wurde er im Tiroler Lechtal kurz vor der deutschen Grenze gesehen. Bayerns Umweltminister Werner Schnappauf erklärte ihn einen Tag später als in Bayern willkommen.

**Am 18. Mai** hatte Bruno Hunger und öffnete einen Bienenstock. Das ist für den betroffenen Imker zwar ärgerlich, ansonsten aber überhaupt nichts Besonderes. Bären mögen den Honig und die in den Waben sitzenden Larven gleichermaßen. Dort, wo hohe Bärenvorkommen bestehen, etwa im Süden Sloweniens, in Kroatien oder in Rumänien, gibt es meist auch viele Imker, aber insgesamt eher geringe Schäden an Bienenstöcken. Solche lassen sich mit einem simplen elektrischen Weidezaun ziemlich sicher vermeiden. Trotzdem bleiben die weitaus meisten Bienenstöcke in den Bärengebieten Sloweniens, etwa im Kočevski Rog oder in den Wäldern unterm Snežnik, ungesichert, einfach weil Bären dort eher selten einen Schaden anrichten. Imker außerhalb der traditionellen Bärengebiete haben ihre Stöcke nie gesichert.

**Am 19. Mai** wanderte Bruno in Oberbayern herum und tötete unterwegs vier Schafe. Das war sicher kein Problem, denn bayerische Schafe haben seit 170 Jahren keinen Bären mehr als Feind kennengelernt. Andererseits haben Bären nie verlernt, mit Schafen „umzugehen". Auch Schafe sind hinter elektrischen Weidezäunen relativ sicher.

**Am 20. Mai** ließ sich Bruno bei Grainau (nahe Garmisch, an der Zugspitze gelegen) fotografieren. Er hatte Interesse an Geflügel und riss nebenbei zwei weitere Schafe. Diese insgesamt sechs freistaatlich bayerischen Schafe genügten dem Umweltminister, ihn zum „Problembären" zu ernennen. Nur als Vergleich: In Schweden spricht man von einem Problembären, wenn dieser mehr als 100 Schafe gerissen hat. Es ist kaum anzunehmen, dass es Bruno – wäre er ihn in Ruhe gelassen worden – auf 100 Schafe gebracht hätte. Deren finanzieller Ersatz wäre auch für das wirtschaftlich daniederliegende Deutschland möglich gewesen. Bei einem angenommenen Preis von 100 Euro pro Schaf (er hätte ja wohl nicht selektiv schwere Altschafe gerissen) wären das 10.000 Euro gewesen. Zum Vergleich: In Friaul, wo Bären grenzüberschreitend Standwild sind, entstehen in Summe jährlich etwa 4000 Euro Bärenschäden. Allein der Wirbel, den Bayern um Bruno veranstaltete (Krisensitzungen, Pressekonferenzen usw.), kostete bei realer Abrechnung (Minister- und Beamtengehälter, Fahrtkosten usw.) weit, weit mehr!

An dieser Stelle sei die Bemerkung erlaubt, dass die deutsche Kriminalstatistik allein für das Jahr 2005 in Summe 89.224 Fälle von Wirtschaftskriminalität verzeichnete, darunter 13.742 Insolvenzstraftaten. Der Schaden, der dabei der Volkswirtschaft entstand, dürfte weit höher sein als alle von Bären in den letzten zehn Jahren weltweit angerichteten Schäden!

**Am 22. Mai** gab Bayerns Umweltminister Werner Schnappauf Bruno zum Erschießen frei.

**Am 23. Mai** ging der Landesjagdverband vorsichtig auf Distanz zum Ministerium. Präsident Jürgen Vocke ist Landtagsabgeordneter der regierenden CSU und wusste wohl ziemlich genau, was Sache ist und was die Politik will. Hätten die Jäger offen für Brunos Abschuss plädiert, wären sie wieder einmal mehr in die Negativschlagzeilen geraten. Also veröffentlichte der Jagdverband an diesem Tag vorsorglich die nachfolgende Pressemitteilung:

**Abschuss des Problembären nur aufgrund von staatlichem Auftrag / Jäger zu Vorsicht aufgerufen / Forderung nach Sachlichkeit und Management**

Feldkirchen, den 23.05.2006

„Bären unterliegen nicht dem Jagdrecht. Sie sind eine streng geschützte Art und dürfen deshalb keinesfalls bejagt werden." Das stellte der Präsident des Landesjagdverbandes Bayern Prof. Dr. Jürgen Vocke angesichts des nach Bayern zugewanderten und von Umweltminister Werner Schnappauf zum Abschuss freigegebenen Braunbären nochmals klar. „Der zugewanderte Braunbär wurde von den anerkannten Bärenexperten aus Österreich als klarer Problembär eingestuft. Es besteht eine erhöhte Gefahr zufälliger Zusammenstöße mit Menschen, auf die der Bär aggressiv reagieren könnte. Der Bär kann daher nicht in freier Wildbahn bleiben", so Vocke.

Der Präsident des staatlich anerkannten Fachverbandes der bayerischen Jäger verdeutlichte, dass aufgrund der geltenden Gesetzeslage die Jäger den Bären nur aufgrund eines eindeutigen staatlichen Mandats erlegen werden. „Der durch unzweifelhaft atypisches Verhalten auffällig gewordene Problembär darf nur erlegt werden, wenn wir von staatlicher Seite zum Schutz der Bevölkerung schriftlich dazu aufgefordert werden."

Das Bayerische Umweltministerium hat den Landesjagdverband Bayern zwischenzeitlich schriftlich zum Abschuss des Problembären aufgefordert. Die Bezirksregierungen von Oberbayern und Schwaben haben artenschutzrechtliche Ausnahmegenehmigungen für die Landkreise Garmisch-Partenkirchen, Bad Tölz-Wolfratshausen sowie Ober- und Ostallgäu erteilt. Das Bayerische Innenministerium erlaubte den Abschuss des Problembären im Rahmen des Notstandes.

„Es liegt eine Notstandsmaßnahme im öffentlichen Interesse vor. Eine Hatz oder Trophäenjagd auf den Bären wird und darf es nicht geben. Wir bedauern, dass ausgerechnet der erste Bär seit 170 Jahren ein Problembär ist", so Vocke. „Sollte der Problembär in Bayern erlegt werden, muss er bei den Naturschutzbehörden abgeliefert werden. Und das, egal wer ihn erlegt: private Jäger, Berufsjäger oder staatliche Förster." Bayerns Jagdpräsident ruft auf jeden Fall seine Jäger zu Vorsicht auf. „Es handelt sich nicht um Jagd, sondern um die von staatlicher Seite beauftragte Herausnahme eines für die Allgemeinheit gefährlichen Tieres aus der freien Wildbahn. Ein Schuss sollte nur dann abgegeben werden, wenn garantiert ist, dass der Bär sauber und sicher erlegt werden kann. Denn ein angeschossenes Tier reagiert unberechenbar", warnte Vocke.

Vocke bedauert, dass einige Meinungen nicht zwischen dem Problembären und der generellen Frage der Wiederansiedelung von Bären in Bayern differenzieren. „Wir brauchen mehr Sachlichkeit. Wenn Großraubtiere in Bayerns dicht besiedelter Landschaft wieder heimisch werden sollen, brauchen wir ein entsprechendes Management. Nur dann können ehemals heimische Arten bei uns wieder heimisch werden, wie unsere Erfahrungen zum Beispiel bei der natürlichen Wiederansiedelung des Luchses bestätigen."

**Am 25. Mai** wurde Bruno im Rofangebirge (Tirol) von einem Jäger gesehen. Der Jäger fühlte sich nicht bedroht.

**Am 27. Mai** tauchte er im Zillertal (südlich des Inns) auf und brach dort wieder einen Bienenstock auf. Jetzt nichts als weiter südwärts, hätte man ihm raten sollen; über die Berge und ab nach Südtirol. Aber, wie sag ich's meinem Bären? Und wenn es ihm möglich gewesen wäre, mich zu verstehen, dann hätte er sich vielleicht an Nordtirols Landesjägermeister Steixner erinnert, der sich für seine Schonung stark machte! Drüben in Südtirol wäre er erst recht sicher gewesen. Dort regiert Landeshauptmann Luis Durnwalder, und der ist selbst Jäger. Kaum vorstellbar, dass die Südtiroler ähnlich reagiert hätten wie die Bayern.

**Am 29. Mai** zog Bruno neuerlich nordwärts. Er wurde gesehen, als er bei Jenbach die Inntalautobahn überquerte. Jenseits zog er zum bereits Tage zuvor erkundeten Achensee hinauf. Ruhe genoss er längst keine mehr, denn überall warteten „Gruseltouristen", Behörden und Medien auf ihn. Irgendwann in den nächsten Tagen begab er sich neuerlich auf bayerischen Boden, wo das Ministerium bereits mit Gewehren herumfuchteln ließ.

**Am 2. Juni** riss er dort zwei Schafe. „Überlebenstechnisch" war das das Klügste, was er tun konnte, denn zur Ruhe kam er längst nicht mehr. Schafe sind (in der Nacht) leicht zu erbeuten, und man wird schnell satt von ihnen. Nur darf man in einer solchen Situation am nächsten Tag nicht mehr zu den Überresten zurückkehren, was ein Bär normalerweise tut. Schließlich ernähren sich Bären ökonomisch. Warum sollen sie immer wieder neue Beute machen, wenn noch Reste alter Beute vorhanden sind? Doch diese schadensmindernde Chance ließ man ihm nicht. Auch andere Bären, etwa jene in Rumänien, der Slowakei oder in Kroatien kehren nicht mehr ans ausgelegte Luder zurück, wenn sie spüren, dass man ihnen dort auflauert. In Bayern waren aber keine erfahrenen Bärenjäger am Werk, solche gab es dort nicht.
In Tirol wurde die Abschusserlaubnis für den Bezirk Außerfern widerrufen.

**Am 4. Juni** besuchte Bruno das ihm bereits von einem anderen Besuch bekannte Klais an der Nordabdachung der Zugspitze und riss dort abermals drei Schafe, verletzte vier weitere sowie eine junge Ziege.

**Am 5. Juni** tauchte er am Lautersee bei Mittenwald auf, wo er neuerlich drei Schafe riss. Spätestens jetzt wurde er in der Einschätzung des Ministeriums auch für Menschen gefährlich, denn er lief (in der Nacht) mitten durch eine kleine Siedlung. Dabei ist ein solches Verhalten schlicht „stinknormal". Auch Füchse, Rehe, Marder,

Dachse, Hirsche und sogar Wildschweine tun das. Wildtiere wissen eben sehr gut einzuschätzen, wann es in vom Menschen bewohnten Bereichen gefährlich ist und wann nicht. In vielen oberbayerischen Bergdörfern fressen die Hirsche nachts auf den Friedhöfen die Blumen von den Kränzen, und in den Randbezirken deutscher Großstädte wühlen Wildschweine Rasenflächen um. Dabei entstehen Schäden, die jene, die Bruno hinterließ, vermutlich um das Mehrtausendfache überschreiten.

„Wohl" mag es Bruno längst nicht mehr gewesen sein. Jedenfalls wechselte er noch am selben Tag zurück nach Tirol. Dort sah ihn eine Autofahrerin nahe Ehrwald. Ehrwald mochte ihm nicht gefallen haben – alles voller Urlauber und durchfahrender Autos ... Er wechselte wieder hinauf in Richtung Mittenwald, in die Leutasch, wo er sich in einem Kaninchenstall Reiseproviant besorgte.

**Am 6. Juni** wurde er dort oben von mehreren Jugendlichen gesehen.

**Am 8. Juni** soll er in der Nähe des Solsteinhauses im Gemeindebezirk Zirl gesehen worden sein. Was die gemeldeten Beobachtungen betrifft, so tut man gut daran, diese vorsorglich mit einer gesunden Skepsis zur Kenntnis zu nehmen. Die meisten werden wohl stimmen, aber wir dürfen nicht zwingend davon ausgehen, dass jeder gesehene Bär auch ein solcher war. Umgekehrt muss nicht jeder gesehene Bär als solcher erkannt und gemeldet worden sein.

**Am 9. Juni** machte sich eine Gruppe Tiroler Jäger auf eine Suchaktion. Eigentlich ist dies schon Beweis genug, dass die Behörden, die hinter dieser Suchaktion standen, den Bären als harmlos ansahen. Ansonsten hätten sie die Aktion doch mit allen Mitteln unterbinden müssen. Kein Mensch, der ganz bei Sinnen ist, steigt einem als aggressiv und für Menschen gefährlich bekannten Bären im nächtlichen Wald nach! Gefunden wurden dabei ein totes und ein verletztes Schaf sowie im Bezirk Imst ein Feldhase ohne Kopf. Letzterer dürfte kaum Bruno anzurechnen sein. Erstens sind Bären denkbar schlechte Hasenjäger, zweitens haben sie sich einen solchen mit zwei Bissen einverleibt, und drittens trennen sie einem Hasen nicht den Kopf ab, fressen diesen und lassen den restlichen

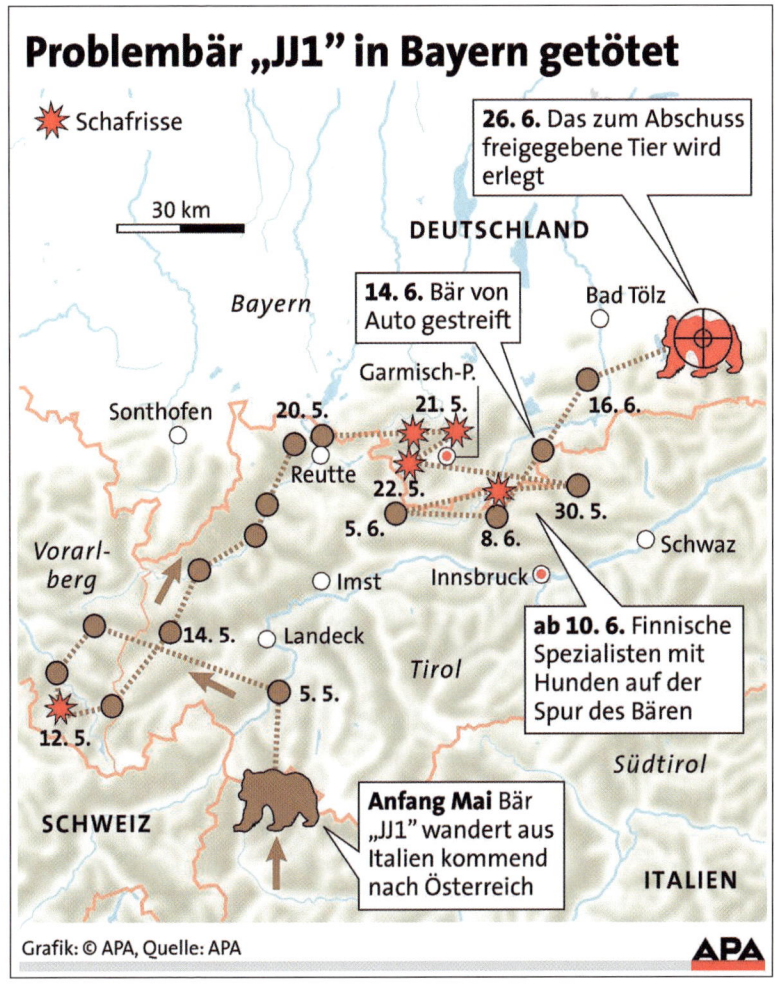

**Problembär „JJ1" in Bayern getötet**

Schafrisse

30 km

**26. 6.** Das zum Abschuss freigegeben Tier wird erlegt

DEUTSCHLAND

Bayern

**14. 6.** Bär von Auto gestreift

Bad Tölz

Garmisch-P.

Sonthofen

20. 5.

21. 5.

16. 6.

Reutte

22. 5.

5. 6.

8. 6.

30. 5.

Schwaz

Vorarl-berg

Imst

Innsbruck

**ab 10. 6.** Finnische Spezialisten mit Hunden auf der Spur des Bären

14. 5.

Landeck

Tirol

5. 5.

12. 5.

Südtirol

SCHWEIZ

**Anfang Mai** Bär „JJ1" wandert aus Italien kommend nach Österreich

ITALIEN

Grafik: © APA, Quelle: APA

APA

Wildkörper liegen. Abgesehen davon ist eine Bärenschnauze um einiges breiter als der Hals eines Hasen. Aber Füchse tun dies gelegentlich! Auch bei den Schafen war nicht klar, ob sie auf Brunos Konto zu schreiben waren. Schließlich ist das aber auch ohne Bedeutung.

**Am 10. Juni** öffnete Bruno in der Nähe von Innsbruck wieder einen Kaninchenstall. Schon Tage zuvor hatte man in Finnland Bärenhunde mit ihren Führern angefordert, die an diesem Tage in Tirol eintrafen. Wer jetzt glaubt, Bärenhunde hätten auch zwingend Erfahrung mit Bären, der irrt. In Finnland werden jährlich nur wenige Bären erlegt, dafür gibt es umso mehr Bärenhunde, die für die Elchjagd eingesetzt werden.

**Am 11. Juni** wurden Brunos Spuren im Gemeindegebiet von Terfens (Bezirk Schwaz) gefunden und die am Vortag eingeflogenen zwei- und vierbeinigen finnischen Spezialisten angesetzt. Die zweibeinigen Spezialisten gaben am Mittag bereits auf. Offiziell war es für die Hunde zu heiß. Später sickerte durch, dass eher die Hundeführer mit der Tiroler Getränkelandschaft Probleme hatten.

**Am 12. Juni** war der Bär neuerlich im Achental, nahe an der Grenze zu Bayern. Wieder kamen die Finnen zum Einsatz, und neuerlich gaben sie auf. Tiroler Jäger sprachen sich gegen die ihrer Meinung nach sinnlose Hetzjagd aus. Aber Tirols Umweltlandesrat Anton Steixner ordnete an, dass die Finnen auch in jenen Revieren suchen dürfen, deren Jagdpächter ihnen bisher den Zutritt verweigerten. Für Bruno wurde es jetzt absolut eng; zur Ruhe kam er fortan nicht mehr. Bemerkenswert daran ist der Umstand, dass es sich beim Landesrat Anton Steixner um den Bruder des Tiroler Landesjägermeisters handelt. Der aber war gegen die Hetzjagd und wollte dem Bären in Tirol Heimatrecht gewähren.

**Am 14. Juni** sah ein Mountainbiker den Bären über Mittag im Vomper Loch. Gleichzeitig gelang es einem Studenten, ein weiteres Foto von dem Tier zu machen.

**Am 15. Juni** wechselte Bruno wieder vom Regen in die Traufe – von Tirol nach Bayern. In der Nacht streifte ihn ein österreichischer Autofahrer auf der Sylvensteinstraße mit dem Spiegel. Passiert war gar nichts, weder dem Bären noch dem Auto, nicht einmal ein Kratzer blieb am Spiegel des Wagens zurück. Aber in den Medien wurde die „Kollision" mächtig aufgebauscht, und Brunos Gegner leiteten kräftig Wasser auf ihre Mühlen. Immerhin war jetzt bewiesen, dass Bruno eine Gefahr für den Straßenverkehr darstellte. Tatsächlich kann ein Zusammenstoß mit einem Bären böse Folgen haben.

Weniger dergestalt, dass ein angefahrener Bär den oder die betroffenen Fahrzeuginsassen fräße. Aber ein Bär wiegt fünfmal so viel wie ein Reh, und schon Kollisionen mit Rehen können für den Autofahrer tödlich enden. Das Fahrzeug kann dabei von der Straße abkommen, gegen einen Baum prallen oder in einen Bach stürzen, oder das Reh kann die Windschutzscheibe durchschlagen. Andererseits verbreitet der Bayerische Rundfunk (und nicht nur der) regelmäßig Hinweise auf ausgebrochene Rinder und Pferde, die sich auf Autobahnen und Bundesstraßen bewegen. Die sind freilich noch um einiges schwerer und somit gefährlicher als Braunbären, ganz abgesehen von etlichen Tausend Hirschen und Wildschweinen, die in Deutschland alljährlich in Verkehrsunfälle verwickelt werden.

Jedenfalls nahmen die Finnen noch in der Nacht Brunos Verfolgung auf, verloren die Spur aber am Vormittag wieder. Sogar die Seilbahn aufs Brauneck musste vorübergehend wegen des Bärenalarms ihren Betrieb einstellen, nachdem Bruno in jenem Bereich gesichtet wurde.

**Am 16. Juni** wurde Bruno gegen ein Uhr nachts bei Lenggries erstmals von den Hunden gestellt, wobei sich deren Führer samt Schützen mit Narkosegewehr auf 600 Meter näherte, also rein gar nichts sah. Einmal angenommen, die Hunde hatten tatsächlich den Bären und nicht etwa ein Stück Rotwild gestellt, dann war der nächtliche Einsatz doch mehr als leichtsinnig und überdies absolut dilettantisch. Kein normaler Mensch wird in der Nacht einem von Hunden gestellten Bären gegenübertreten. Und der Schuss mit dem Narkosegewehr oder einem Blasrohr ist schon am Tag – wenn man die Situation im bewaldeten Gelände bedenkt – keine einfache Sache.
Bruno hatte abermals Glück. Es zog ein Gewitter auf. Um 4.30 Uhr fanden die Verfolger nur noch ein gerissenes und weitgehend verzehrtes Schaf vor. Recht hat er gehabt, der Bruno! Die Hunde hatten wieder einmal genug und weigerten sich, die Spur nochmals aufzunehmen.
Bemerkenswert dabei ist, dass Bruno, „diese wilde Bestie", in der Nacht weder einen der Hunde noch einen der zweibeinigen Verfolger beseitigte. Er hätte es mit einem einzigen Brantenschlag locker und risikolos tun können!

**Am 17. Juni** wurde Bruno in Kochel am See gesichtet, das ist Luftlinie rund 15 Kilometer von Lenggries entfernt. Dort brach er in der Nacht einen Kaninchenstall auf und „killte" nebenbei – welcher Schaden! – auch gleich noch ein Meerschweinchen. Der Preis eines Meerschweinchens entspricht etwa dem, was ein mit der Causa beschäftigter Staatssekretär den Steuerzahler in einer Minute kostet.

**Am 18. Juni** beobachteten Hirten auf einer Alm im tirolischen Achenkirch, dass die Kühe brüllend herumliefen, und vermuteten als Ursache Bruno. Doch wurde weder dieser selbst noch irgendwelche Spuren von ihm gefunden.

**Am 19. Juni** tauchte Bruno in Wildbad Kreuth auf. Unterwegs hatte er sich Wegzehrung in Form von zwei Schafen besorgt. Das war ja auch die einzige Möglichkeit überhaupt noch Nahrung aufzunehmen. Schließlich wurde er seit mindestens einer Woche Tag und Nacht verfolgt, was einer organisierten Tierquälerei näher kam als einer Jagd.

**Am 20. Juni** begegnete Bruno nachts um ein Uhr in Maurach am Achensee einem Fußgänger. Aber statt diesen anzugreifen und zu verspeisen, ergriff Bruno panikartig die Flucht – für Behörden und Medien war die Begegnung jedoch wieder ein Beweis mehr, dass Bruno zur Bedrohung für Menschen wurde.

**Am 21. Juni** stellten die finnischen Spezialisten Bruno mehrmals in der Nähe des Achensees. Wieder machte er seinem Ruf als Bestie keine Ehre. Statt nach Bärenart den nächsten Hund oder Menschen mit einem Brantenschlag in die ewigen Jagdgründe zu befördern, ergriff er neuerlich die Flucht. Eigentlich hatte Bruno bis dahin schon Gelegenheit genug, die Zahl der Bärenhunde und ihrer Führer zumindest zu halbieren. Nichts dergleichen tat er. Seit er erstmals Tiroler und danach bayerischen Boden betrat, ergriff er stets die Flucht, sobald er einen Menschen sah, was die Behörden und selbst den WWF Österreich nicht daran hinderte, ihn als für Menschen potenziell gefährlich einzustufen.

Die Medien sind immer dabei: Marianna Hörtnagl zeigt den Journalisten die Größe ihres von Bruno gerissenen Hasen, ein Kameramann filmt tote Schafe.

**Am 22. Juni** begegnete er nachmittags im Rofangebirge einem Wanderer, doch wieder flüchtete er.

**Am 23. Juni** riss er bei Thiersee (in der Nähe von Kufstein) ein Schaf. Die Finnen kapitulierten, wohl nicht nur vom ungewohnten Gelände und der immer noch andauernden Hitze geschwächt, und genervt kehrten sie wieder in ihre Heimat zurück.

**Am 24. Juni** wurde Bruno beobachtet, als er den Soinsee im Landkreis Miesbach durchschwamm, ebenso nahe dem Spitzingsee. Am Abend kam er noch in der Nähe einer Bergwachthütte im Rotwandgebiet vorbei, wo er ebenfalls gesehen wurde.

**Am 25. Juni** strafte Bruno noch einmal alle behördlichen und privaten Panikverbreiter Lügen. Da begegnete er dem Koch des Rotwandhauses, Thomas Krapichler. Aber statt diesen zu fressen, nahm er wieder hochflüchtig Reißaus. Krapichler, befragt, ob er bei dieser Begegnung Angst gehabt habe: „Der Bär hatte mehr Angst vor mir als ich vor ihm."
Am Abend riss Bruno noch ein Schaf; der Hunger nagte. Für einen nahezu ausgewachsenen Bären wäre es auch möglich gewesen, eine Kuh zu töten. Doch was tat Bruno? Er ließ sich von weidenden

Da sind sie noch guter Hoffnung: Am 10. Juni präsentieren sich die finnischen Jäger mit ihren Spezial-Spürhunden

Wochenbeginn nicht mehr lebendig gefangen, sondern erschossen werden sollte. Was dann auch geschah.

„JJ1" hieß der Grenzgänger amtlich, seit das Südtiroler Amt für Jagd und Fischerei bei einer genetischen Analyse seiner Haare herausgefunden hatte, dass er der erste Sohn von „Joze" und „Jurka" ist, zwei Südtiroler Bären aus dem Trentino. „Bruno" tauften ihn die Medien.

Er war der Erste aus der Familie Ursi-

dern leben, den Menschen scheuen, sich hauptsächlich vegetarisch ernähren und nur ab und zu ein Schaf von einer Weide holen. Bruno dagegen „marodierte" durch das Land, eine „Blutspur" sowie ausgeraubte Bienenstöcke hinter sich lassend. Und ohne jede Angst vor Menschen.

Fast drei Dutzend Schafe hatte er innerhalb von etwa sechs Wochen gemordet, außerdem den Hasen „Hoppel", das Meerschweinchen „Trixi" sowie ein paar

Koloss, gilt aber als hochanständiger Meister Petz. Mama Jurka, obwohl nur halb so schwer, hat es dagegen faustdick hinter den Ohren.

**BEI DER NATURSCHUTZBEHÖRDE** in Trient ist die Bärin als „rabiat" aktenkundig. Ihr Strafregister wird von Dr. Ermanno Cetto geführt, und es wird immer dicker. Laut Protokoll 14 275 vom 5. August 2004 und Protokoll 15 665 vom 20. August

Ausschnitt aus der Zeitschrift „Der Stern" vom 29.06.2006

Kühen vertreiben und verzichtete aufs Abendessen. Die von zwei Landesregierungen gejagte „Bestie" nahm vor harmlosen Kühen Reißaus!

Der Wirt des Rotwandhauses verständigte die Polizei, diese alarmierte das Landratsamt. Brunos Uhr lief ab.

**Am 26. Juni,** früh um 4.50 Uhr, wurde Bruno auf der nahen Kümpflalm erschossen. Das Landratsamt hatte noch in der Nacht ein „Expertenteam" auf die Alm geschickt, das Brunos Exekution vornahm. Im Laufe des Vormittags schickte der inzwischen von vielen Seiten angegriffene Minister einen Vertreter zur Pressekonferenz, der sich zu allem Unglück auch gleich bei seinen ersten Sätzen verplapperte. „Drei Berufsjäger" seien hinaufgestiegen und hätten den Bären erschossen, verkündete er den Medien, um sich sofort zu korrigieren. Nein, nein, es seien keine Berufsjäger gewesen, aber der Name des Schützen bleibe geheim. Das zuständige Forstamt setzte postwendend alles daran, die Teilnahme staatlicher Berufsjäger zu dementieren. Es tat gut daran, denn diese wären leicht ausfindig zu machen und folglich gefährdet gewesen.

Mit einem sofort tödlichen Schuss sei der Problembär getötet worden, verkündete der Ministeriumssprecher. Selbst das erwies sich später als unrichtig. Es waren, das zeigte der Sektionsbericht, zwei Schüsse, und ob er gleich tot war, ist zweifelhaft. Aber nach all den Qualen, die man Bruno in den letzten 53 Tagen seines jungen Lebens bereitet hatte, mochte der Tod eine Erlösung gewesen sein. Die staatlich angeordnete Tierquälerei hatte ein Ende. Allemal war der Tod besser als das Schicksal, das viele seiner zahlreichen Freunde und Schützer für ihn vorgesehen hatten – lebenslange Schutzhaft in einem Bärengehege vor gaffenden Menschen!

Genau das brachte auch der steirische Wildbiologe Helmuth Wölfel in einem Interview mit der Berliner „TAZ" zum Ausdruck. Daraufhin gingen die Wogen bei den Tierschützern hoch, und Wölfel wurde wahlweise zum Mörder oder zum Verräter gestempelt.

Die Exekution hob Bruno noch nicht aus den Schlagzeilen. Dem Bayerischen Umweltminister und dem Landesjagdverband schlug eine Welle aus Empörung und Abscheu entgegen, und die von ihm geschickten anonymen Schützen trafen Zorn und Hass aus der halben Welt. Todesdrohungen gingen ein. Wenn es um Wildtiere geht, ist das kein ganz unübliches „Kommunikationsmittel". In der Vergangenheit erhielten auch gerade bayerische Förster immer wieder Morddrohungen, wenn sie nach Auffassung konservativer Jäger – den Weisungen des Landtags folgend – zu viele Rehe oder Hirsche erlegten. Dieses Mal kamen die Drohungen kaum von Jägern. Der Landesjagdverband war während der ganzen Zeit taktisch klug im Hintergrund geblieben. Doch jetzt war es Zeit, sich zu outen. Schon wenige Stunden nach Brunos Exekution und noch vor der Pressekonferenz des Ministeriums verbreitete er eine eigene Pressemeldung:

„Leider musste der erste Bär, der sich seit 170 Jahren wieder in Bayern sehen ließ, aufgrund seines atypischen Verhaltens aus der Wildbahn entnommen werden", so der erste Kommentar von BJV Präsident Prof. Jürgen Vocke. „Die Einschätzung der Bärenexperten und die Erfahrungen der letzten Tage haben gezeigt, dass der Braunbär absolut keine Scheu vor den Menschen zeigt und somit potenziell gefährlich war. Einerseits bedauern wir dir Tötung des Bären, auf der anderen Seite sind wir froh, dass keine Personenschäden zu beklagen waren", so Vocke weiter. „Bären unterliegen nicht dem Jagdrecht, sondern sind streng geschützt und fallen in die Kompetenz des Umweltministeriums. Daher werden nähere Informationen über die Tötung des Problembären durch das Bayerische Umweltministerium bei einer Pressekonferenz heute in Schliersee gegeben."

„Ich hoffe, der nächste Bär, der sich in Bayern zeigt, ist nicht mit so vielen Problemen verbunden und zeigt die natürliche Scheu vor den Menschen, damit er dann auch ungestört in Bayern seine Fährten ziehen kann", meinte BJV-Präsident Vocke abschließend.

Woher die Information stammt, dass Bruno keine Scheu vor Menschen habe, ist unbekannt. Bruno bewies jedenfalls immer, dass er, wenn es um Menschen ging, ein absoluter Hasenfuß war! Immerhin ist, was Brunos Gefährlichkeit betrifft, weder dem Umweltminister und schon gar nicht dem Landesjagdpräsidenten ein Vorwurf zu machen. Der Minister, in Sachen Bären ein absoluter Laie, war auf die Einschätzung der „Experten" angewiesen. Der Jägerpräsident durfte sich sowohl auf die Experten, die ja teilweise sogar dem WWF angehörten, als auch auf die Politik berufen. Niemand kann von ihm verlangen, dass er seine eigene Einschätzung öffentlich höher bewertet als jene der „Experten". Dem Landesjagdverband wurde seine Zurückhaltung nicht gedankt. Das Umweltministerium weigerte sich hartnäckig, den oder die Todesschützen zu nennen (was sicher richtig war). Von einem „Sicherheitsteam" des Landratsamtes war die Rede, von erfahrenen Jägern usw. Von den Medien wurde ein Polizeibeamter als Teilnehmer der Troika vermutet. Schon bei der Pressekonferenz hatte sich ja der Vertreter des Ministeriums verplappert und sich gleich wieder korrigiert. Doch dann lenkte das Ministerium unbedarft oder absichtlich den Verdacht auf die ohnehin so oft geprügelten bayerischen Jäger. Prompt reagierte der Präsident des Landesjagdverbandes, Jürgen Vocke, mit einem offenen Brief an den Minister. Es gibt keinen Zweifel daran, dass Jürgen Vocke als CSU-Abgeordneter und Freund des Ministers genau wusste, wer da auf die Kümpflalm geschickt worden war. So forderte er von Schnappauf eine Klarstellung darüber, dass keine privaten Jäger an Brunos Tötung beteiligt gewesen seien. Dabei konnte er sich einen Seitenhieb auf die wenig geliebte Staatsforstverwaltung nicht verkneifen. Nicht in einem privaten Jagdrevier, sondern auf dem Grund der Staatsforstverwaltung sei Bruno erlegt worden. Damit wurde, gewollt oder ungewollt, der Anschein erweckt, die Staatsforstverwaltung sei an der Tötung beteiligt gewesen. Tatsächlich hatte sich die Forstverwaltung jedoch immer davon distanziert. Ob der Schütze zufällig Mitglied des Landesjagdverbandes war (auch viele Förster sind das), wird so lange ungeklärt bleiben, als das Ministerium seinen Namen verschweigt. Doch selbst wenn es sich bei allen drei Mitgliedern des sogenannten „Sicherheitsteams" auch um Mitglieder des Landesjagdverbandes gehandelt hätte, wäre es unredlich, sie oder gar die Gesamtheit der Jäger für die Tötung verantwortlich zu machen. Denn in der aufgeheizten Stimmung jener Wochen war sicher kein Jäger daran interessiert, als „Mörder" des letzten bayerischen Braunbären in die Geschichte einzugehen!

Auch der immer noch in Bonn residierende Dachverband der deutschen Jäger, der Deutsche Jagdschutzverband (DJV), äußerte sich, wenn auch reichlich spät, drei Tage nach der Exekution. Und wieder waren die inzwischen hinlänglich bekannten Vor- und Fehlurteile zu lesen: „Fehlende Scheu vor Menschen", „atypisches Verhalten", „Risiko". Dazu das Bedauern und die Versicherung, dass man der Rückkehr des Großraubwildes grundsätzlich positiv gegenüberstehe. Schließlich noch die Feststellung, dass sicher bald ein „normaler" Bär nach Deutschland kommen werde. Wahrscheinlich wird man in Deutschland einen Bären am ehesten dann als „normal" einstufen, wenn er sich so verhält wie jene Plüsch-Brunos, die in den bayerischen Souvenirbuden verkauft werden!

# Landesjagdverband Bayern e.V.
## im Deutschen Jagdschutz-Verband e.V.

PRÄSIDENT Prof. Dr. Jürgen Vocke, MdL

Landesjagdverband Bayern e.V., Hohenlindner Str. 12, 85622 Feldkirchen

Herrn Staatsminister
Dr. Werner Schnappauf
Bayerisches Staatsministerium
Für Umwelt, Gesundheit und Verbraucherschutz
Rosenkavalierplatz 2
81925 München

Telefon: 089/99 02 34-14
Telefax: 089/99 02 34-35
Internet: http://www.jagd-bayern.de
eMail:sekretariat @jagd-bayern.de

I-PR/schr
07. Juli 2006

*Offener Brief in Sachen Bruno*

Sehr geehrter Herr Staatsminister,

die letzten Tage waren leider von einer irrationalen Aufregung um den Abschuss des Braunbären geprägt. Unzählige Beschwerden und Drohungen haben sowohl die Bayerische Jägerschaft als auch Ihr Haus bombadiert.

Im Zuge einer sachlichen Bearbeitung dieses, von verschiedenen Experten des WWF und der Bärenanwälte empfohlenen Abschusses, war nach den Informationen ihres Hauses ein Sicherheitsteam des Landratsamtes Miesbach mit dem Abschuss beauftragt worden.

Heute muss ich aus einer dpa- Meldung entnehmen, dass Sie im Zusammenhang mit der genetischen Untersuchung von „JJ1" leider die „Bayerischen Jäger" als Ausführende bezeichnet haben.

Diese Äußerung haben wir mit größter Verwunderung aufgenommen, da unseres Wissens nach ein Sicherheitsteam des Landratsamtes in einem Revier, das nicht von der privaten Jägerschaft betreut wird, sondern allein den „Bayerischen Staatsforsten" zuzurechnen ist, den Bären im hoheitlichen Auftrag erlegt hat. Deshalb darf und kann dieser Abschuss nicht der privaten Jägerschaft quasi wie eine „Jagdhandlung" zugeordnet werden. Ich bitte Sie, diesen Sachverhalt klarzustellen, damit nicht die gesamte Bayerische Jägerschaft für etwas an den Pranger gestellt wird, was sie nicht zu verantworten hat. Für eine Nachricht von Ihnen, die dann an unsere 44.000 Jäger in ganz Bayern weitergegeben werden kann, wäre ich Ihnen sehr dankbar.

Mit den besten Grüßen,

Prof. Dr. Jürgen Vocke, MdL

1

Jagdverband gegen Staatsminister

**Bär Bruno: Emotional aufgeladene Jägerhetze fehl am Platz**

DJV fordert bundesweite Managementpläne für Großraubtiere
Bonn, 29.06.2006

Der Deutsche Jagdschutz-Verband (DJV) hat heute in Bonn mehr
Sachlichkeit in der Bärendiskussion eingefordert. „Die Jägerschaft
hat sich frühzeitig vom Abschuss des geschützten Braunbären distanziert, der in Deutschland überhaupt nicht gejagt werden darf",
so DJV-Präsident Borchert. „Getötet wurde Bär Bruno von einem
staatlich beauftragten Sicherheitsteam des Landratsamtes Miesbach
und nicht von Privatjägern." Er unterstrich, dass die behördliche
Entscheidung allein der Gefahrenabwehr diente und nichts mit Jagd
zu tun habe.

Borchert betonte, dass der DJV einer natürlichen Zuwanderung der
drei Großraubtiere Bär, Wolf und Luchs grundsätzlich positiv gegenübersteht und beispielsweise Artenschutzprogramme für Letzteren unterstützt. „Es ist daher äußerst bedauerlich, dass der erste Bär
in Deutschland seit 170 Jahren ein so atypisches Verhalten an den
Tag legte, dass die bayerische Regierung den Abschuss von Bär
Bruno anordnete", betonte Borchert.

Die fehlende Scheu von Bär Bruno vor dem Menschen haben Experten von Universitäten und Naturschutzverbänden bereits vor
Wochen als Risiko eingestuft und sein Entfernen gefordert. Nach
erfolglosen Lebendfangversuchen haben sich die lokalen Behörden
schließlich gezwungen gesehen zu handeln. Immer mehr Schaulustige hätten sich aufgrund des Medienrummels einen Spaß daraus
gemacht, Bruno zu verfolgen, was die Situation unkalkulierbar
machte, erklärte Borchert.

„Es ist unseriös und völlig fehl am Platze, wenn jetzt selbst ernann-
te Experten die Öffentlichkeit gegen die Jägerschaft aufzuwiegeln
versuchen", erklärte Borchert. Vielmehr gehe es jetzt darum, einen
fundierten Braunbär-Managementplan wie etwa in Österreich zu
entwerfen. „Es ist nur eine Frage der Zeit, bis der erste normale
Braunbär nach Deutschland kommt", so Borchert, „darauf muss die

Öffentlichkeit vorbereitet werden." Die Jägerschaft werde einen Managementplan auf jeden Fall unterstützen.

Man kann nur darüber spekulieren, was aus Bruno geworden wäre, hätte er sich rechtzeitig zur Immigration in die Schweiz entschlossen. Auffallend ist, wie gut und intensiv dort die Bevölkerung auf die Rückkehr des Bären vorbereitet wurde. Kaum jemand sah in Brunos Bruder, der ja im Sommer 2005 im Engadin umherwanderte, eine Gefahr. Weder war das Wort „Problembär" zu hören, und schon gar nicht wurde die Bevölkerung verunsichert. Statt nach den Waffen zu greifen, finnischen Hunden zu pfeifen und den Bären zwei Wochen hindurch Tag und Nacht zu jagen, organisierte das zuständige Amt unter fachkundiger Leitung eine Vergrämungsaktion, die den Bären auf etwas mehr Distanz zu Menschen brachte. Insgesamt löste die Rückkehr des ersten Bären in die Schweiz nach 104 Jahren Begeisterung aus.

Es wäre aber auch billig, den armen bayerischen Minister zum Buhmann zu machen. Fachkenntnis kann man von ihm nicht verlangen. Er muss sich auf Berater verlassen können. Auch das direkte Umfeld eines Ministers wird in solchen und ähnlichen Fragen eine Entscheidung nicht auf die eigene Kappe nehmen. Da müssen Experten her. Doch denen geht es ja um kein Haar besser, denn die Politik wird sich immer auf sie berufen. Natürlich spüren Experten auch, was von ihnen erwartet wird, und nicht selten lässt sie die Politik im Regen stehen.

Als einer der österreichischen Bärenanwälte in Innsbruck mit Landesrat Steixner über Brunos Schicksal beriet, schickte ihn der Landesrat anschließend allein zu den vor der Tür wartenden Journalisten hinaus. Kaum hatte der Bärenanwalt ein paar Worte wie „Problembär" und „gefährlich" fallen lassen, stürmten die meisten Journalisten – Handy am Ohr! – schon davon. Niemand interessierte sich für das, was der Bärenexperte noch zu sagen hatte und was die Dinge vielleicht ins richtige Licht gerückt hätte. Die wahren Schlagzeilen konnte nur ein gefährlicher Bruno machen, einer, von dem endlich Gefahr für Leib und Leben der Bevölkerung ausging. Mit dieser unmissverständlichen Botschaft enthoben die Medien die verantwortlichen Politiker der Pflicht zu ruhiger und sachlicher Abwägung und Entscheidung. Es war ohnehin alles klar. Die nicht

Zwei Holzkreuze, ein Stoffbär und Blumen erinnern am Mittwoch, den 5. Juli im Rotwandgebiet im Landkreis Miesbach an den Tod Brunos. Unbekannte haben die Gedenkstätte an der Stelle errichtet, an der der Braunbär erschossen wurde. Wenn ein Obdachloser stirbt, findet sich selten jemand, der bereit ist ein Kreuz zu spenden …

allzu kleine Truppe jener Fachleute, die tagein und tagaus mit Bären umgehen und die Causa Bruno weit differenzierter sahen als Bayerns Umweltminister und sein Stab und jeder Panikmache abhold waren, wurde nicht gehört. Sie blieb stumm. Die Sache entwickelte eine Eigendynamik, wurde zum Selbstläufer.

In Tirol wie in Bayern hatten die Verantwortlichen ein Problem, das es zu lösen galt. Und je mehr und lauter die Stimmen wurden, die sich gegen Brunos Erschießung wandten, umso wichtiger wurde es Bruno zu dämonisieren. So wurden Verhaltensmuster, die jeder gesunde und normal reagierende Bär pflegt, zu höchst gefährlichen Auffälligkeiten. Etwa wenn Bruno sich auf seinen Hinterbeinen aufrichtete, ehe er die Flucht ergriff, was eher für seine Harmlosigkeit sprach. Jetzt wurde es als Zeichen von beginnender Aggression und höchster Gefahr interpretiert und unters Volk gebracht. Auch die Tatsache, das Bruno sich bei seinen Streifzügen in der Nähe von Häusern und sogar in Ortschaften sehen ließ oder zumindest Fährten hinterließ, wurde zum Indiz. Plötzlich ging es um den Schutz unschuldiger Kinder, um die Existenz der Landwirtschaft im Berggebiet. Das Bayerische Staatsministerium für Umwelt, Gesundheit und Verbraucherschutz stufte Brunos Verhalten wörtlich als „abnormal" ein. Umweltminister Werner Schnappauf postulierte, der Bär sei „außer Rand und Band". Es ist kaum anzunehmen, dass ihm diese Formulierung von einem Fachmann angeboten wurde.

Vielleicht zur Absicherung politischer Entscheidungen, vielleicht auch weil es medienwirksam war, wurde in Bayern ein „Bärenanwalt" bestellt. Über Erfahrungen des ins Amt gezwängten Bärenanwaltes mit Bären wurde nichts bekannt. Gleichzeitig plante das Ministerium, alle im Land vorhandenen „Luchsberater" zu „Bärenberatern" weiterzubilden.

Am 26. Juni, also an dem Tag, an dem Bruno erschossen wurde, sagte der Kärntner Bärenfachmann Hans-Peter Sorger „*Spiegel-Online*" in einem Interview: „*Bruno war ein Halbstarker, ein kecker Jungbär, einer, der seine Grenzen austestete. Und wenn wir solche Typen nicht hätten, wäre nach der Ausrottung nie wieder ein Bär nach Österreich gekommen. Seine Mutter Jurka hat Bruno vertrieben, um zu vermeiden, dass sie sich irgendwann paaren. Diesen Riegel schiebt die Natur vor. Bruno ist dann Hunderte Kilometer gelaufen, um sich ein Revier zu suchen. Kein Wunder, dass er sich dabei auch menschlichen Siedlungen genähert hat – als Ortsunkundiger.*" Und auf die Frage des Reporters, warum Bruno dann Schafe gerissen habe, meinte Sorger: „*Aus ökonomischen Gründen. Es ist doch einfacher, ein Schaf auf der Weide zu töten, als im Wald einem Reh hinterherzujagen. Im Übrigen reißt ein Bär normalerweise im Jahr maximal acht Schafe. Weil ihm die Menschen im deutsch-österreichischen Grenzgebiet keine Ruhe gelassen haben, hat er immer wieder zugeschlagen ...*".

Bruno ist tot, und wenn man sehr gehässig ist, dann darf man jetzt behaupten, in Bayern sei der Braunbär erst 2006 unter Umweltminister Schnappauf wirklich ausgerottet worden ... So weit wollen wir nicht gehen. Aber die Feststellung, dass das Ministerium noch vor Brunos Erschießung seine eigene Einschätzung der Lage konterkarierte, bleibt nicht erspart. Denn bereits am 27. Juni, also einen Tag nach der Erschießung, lag der „Süddeutschen Zeitung" ein Konzept des Ministeriums vor, wie künftig mit zuwandernden Bären umzugehen sei. Darin wurde die in Österreich vom dortigen WWF getroffene „Typisierung" der Bären weitgehend übernommen. Demnach will man in Bayern künftig „unauffällige Bären" von „auffälligen Bären" unterscheiden. Letztere werden, je nach Verhalten, nochmals unterteilt. Nachfolgend die Definitionen:

**Schadbären** reißen regelmäßig Nutztiere und „spezialisieren" sich auf landwirtschaftliche Nahrungsquellen. Bei dieser Einstufung soll versucht werden, das Verhalten des Tieres genauer zu überwachen. Wagt es sich in die Nähe von Siedlungen, kommt es zur sogenannten Vergrämung: Hat ein Braunbär seine Scheu vor Menschen verloren, wird er mit Lärm oder Gummikugel-Beschuss aus der Nähe von Siedlungen oder Höfen vertrieben.

**Problembären** entwickeln sich aus Schadbären, wenn diese lernen, dass vom Menschen keine Gefahr ausgeht, und die Tiere die Nähe zu Siedlungen immer häufiger suchen. Die Zahl möglicher Gefahrensituationen für Menschen wächst erheblich, der Bär zeigt aggressives Verhalten – ohne dass es zu einem Angriff kommt. Diese Tiere sollen eingefangen und mit einem Sender versehen werden, sodass man ihren Weg verfolgen und sie systematisch „vergrämen" kann.

**Risikobären** sind Tiere, bei denen wiederholte Vergrämung die Menschenscheu nicht erhöht, oder die so mobil sind, dass man sie nicht vergrämen kann. Diese Tiere werden zum Abschuss freigegeben, da die Gefahr besteht, dass sie sich Menschen gegenüber aggressiv verhalten.

Bruno wäre also nach der Definition des Ministeriums höchstens als Schadbär einzustufen gewesen. Dies vermutlich aber auch nur, weil man ihm überhaupt keine Chance ließ, sich anders zu verhalten. Nicht einmal die Scheu vor dem Menschen hatte Bruno verloren. Ganz im Gegenteil, er nahm, sooft er einem Menschen begegnete, Reißaus. Es hätte also überhaupt keinen Grund gegeben, ihn zu liquidieren. Übrigens sollte man nicht so brutal von liquidieren sprechen. Die vom Ministerium gepflegte Sprachregelung bezeichnet denselben Vorgang viel zarter als „entfernen". Bleibt es bei dieser Einteilung, dann hat sich das Ministerium schon jetzt die Möglichkeit geschaffen, auch den nächsten zuwandernden Bären ziemlich unabhängig von seinem tatsächlichen Verhalten zu liquidieren. Denn der „Problembär" wird dann automatisch zum „Risikobären", wenn er – wie Bruno – so mobil ist, dass er nicht in der vom Ministerium vorgesehenen Form „vergrämt" werden kann!

Jetzt ist er also tot. Aber in den Medien, im Geschäft und in der Politik lebt Bruno bis heute weiter. Einer der Ersten, der „kondolierte", war Österreichs Bundeskanzler Wolfgang Schüssel. Er bedauerte außerordentlich, dass die Bayern Bruno erschossen hatten. Vielleicht hätten Worte zur rechten Zeit Bruno zumindest im eigenen Land geholfen, immerhin hätte auf seine Haut auch in Tirol niemand mehr gesetzt!

Am 28. Juni protestierte Italien offiziell gegen die Tötung von Bruno bei der EU-Kommission. Damit wollte die italienische Regierung eine Artenschutzregelung auf EU-Ebene erreichen. Schließlich verdankte Bruno seine Existenz dem von der EU finanzierten Projekt „Life Ursus". Dieses ist genau darauf ausgerichtet, im Alpenraum von Italien-Österreich-Deutschland die Wiederansiedlung von Braunbären zu fördern. Ein Abschuss der in allen drei Ländern streng geschützten Tiere ist nur zulässig, wenn Gefahr für die öffentliche Sicherheit droht. Genau das war aber nach Ansicht von Alessandro de Guelmi, der maßgeblich für die Tierwelt in den italienischen Alpen zuständig ist, nicht der Fall.

Der Protest war natürlich auch in Deutschland unglaublich groß, und es waren keineswegs nur emotionale Trauerbekundungen. Der Direktor des Münchner Tierparks Hellabrunn, Henning Wiesner, machte seinem Unmut deutlich Luft und meinte, es wäre durchaus möglich gewesen, Bruno zu narkotisieren und ihm einen Sender umzulegen. Mit dessen Hilfe wäre er via Satellit jederzeit zu orten gewesen. So hätte man ihm das (völlig normale) Verhalten, sich menschlichen Siedlungen zu nähern oder solche zu durchkreuzen, austreiben können. Die in München ansässige „Süddeutsche Zeitung" befragte ihre Leser zum Fall Bruno. Dabei sprachen sich 86 Prozent gegen das Vorgehen des Ministeriums aus.

1. Juli 2006 in Berlin: Protest gegen den Abschuss des Bären Bruno und gegen die Jagd.

Die Kümpflalm wurde mit Brunos Ableben zum Wallfahrtsort. Schon einen Tag später standen am Abschussort Kreuze, versehen mit Trauerflor und Blumen. Seither pilgerten Tausende dort hinauf. Andere wiederum bombardierten die Gemeindeverwaltung von Schliersee mit Protestmails. Urlaubsgäste stornierten die gebuchten Zimmer, darunter auch Gäste, die schon Jahre hindurch ihren Urlaub in Schliersee verbrachten. Selbst Busunternehmen wollten dort nicht mehr Station machen. Schliersees Bürgermeister Toni Scherer, ein Parteikollege Schnappaufs, war auf diesen richtig sauer. Er musste ausbaden, wofür er nun wirklich nichts konnte, während der Minister auf Tauchstation ging.

Ausgestanden war die Sache damit für den Minister längst noch nicht. Zwar durfte er sicher sein, dass die weisungsgebundene Staatsanwaltschaft die gegen ihn eingegangenen Strafanzeigen nicht weiter verfolgen würde, trotzdem blieben Kratzer im Lack. Den Kadaver des toten Bären hatte er schon dem Münchner Museum „Mensch und Natur" zugesagt, doch jetzt beanspruchte ihn auch noch die Gemeinde Schliersee, sozusagen als Teilwiedergutmachung für den durch Schnappaufs Entscheidung entstandenen Schaden. Doch nichts da; welcher Minister wird einen streng geschützten Bären erschießen lassen, damit dessen Leiche nachher die Provinz schmückt? Zu allem Überfluss reklamierte jetzt auch noch Italien seinen Bruno zurück. In der Tat gelten Wildtiere in Deutschland als herrenlose Sache; Bruno aber war Eigentum der Republik Italien. Was hätte dagegen gesprochen, Bruno, wenn auch tot, heimkehren zu lassen? Es wäre ein versöhnliches Zeichen gewesen. Der Minister erwies sich als „bockbeinig"; er dachte nicht daran, den toten Bruno heimkehren zu lassen. Damit stieß er nicht nur zum zweiten Mal Italien vor den Kopf, er heizte damit auch wieder die Gerüchteküche an.

Immerhin wurde der Name des Schützen wie ein Staatsgeheimnis gehütet. Gleichwohl war durchgesickert, ein Polizist sei dabei gewesen. Hatte man Bruno am Ende nur zum Tod durch Erschießen verurteilt, weil man irgendeinen „Großkopfeten" aus Partei oder Wirtschaft zur Bärenjagd einladen wollte? Und war da nicht auch ein Polizist dabei, vielleicht zum Schutz des Großkopfeten? Und der Dritte, könnte das nicht einer vom örtlichen Forstamt gewesen sein, der den Großkopfeten zu führen und zu bedienen hatte? Ernst zu nehmen sind solche Spekulationen kaum, aber wer sich so verhält, wie es die Verantwortlichen taten, muss mit derartiger Legendenbildung rechnen.

Auch die Jäger bekamen ihr Fett ab, und zwar nicht nur in Form der anonymen Morddrohungen. Trotzdem schwenkte der sich zunächst im Hintergrund haltende deutsche Jagdverband in Argumentation und Wortwahl auf die Linie des Ministeriums ein. Die Beteuerung, man stünde einer Rückkehr des Großraubwildes aufgeschlossen gegenüber, wirkte eher wie eine Schutzbehauptung. Schließlich hatte auch der Minister den Bären in Bayern herzlich willkommen geheißen, ehe er postwendend seine Liquidierung anordnete. Zu einer echten, fachlich nachvollziehbaren Auseinandersetzung mit Brunos Verhalten konnte sich die offizielle Jägerei nicht durchringen. Parteidisziplin war angesagt. Immerhin sitzt Landesjagdverband-Präsident Jürgen Vocke für die CSU im Bayerischen Landtag und wurde durchaus auch schon als möglicher Minister gehandelt. Und Deutschlands „oberster Jäger", DJV-Präsident Jochen Bor-

Tierschutzaktivisten veranstalten am Freitag, den 4. August auf dem Marienplatz in München eine Trauerfeier für Bruno.

chert, war in der Ära Kohl schließlich lange Bundeslandwirtschafts-minister.

Die Jäger hatten die fast historisch zu nennende Chance, sich in den Medien als echte Fachleute zu präsentieren, indem sie differenziert und kompetent das Thema Großraubwild bearbeitet hätten, statt Parolen aufzugreifen und politisch zu kuschen. Sie überließen ihr ureigenes Feld wieder einmal anderen!

Jedenfalls nutzten die Jagdgegner unterschiedlichster Couleur Brunos Tod, um Gemeinsamkeit zu demonstrieren. Ihre Parolen waren gleichermaßen alt wie dümmlich: *„Jäger sind Mörder"*. Anfang August, rund sechs Wochen nach Brunos Tod, wurde zu einer Großdemo nach Schliersee aufgerufen. 30 Organisationen aus sieben europäischen Ländern wollten teilnehmen. Gekommen sind allerdings nur 300 Teilnehmer oder rechnerisch zehn von jeder Organisation.

Andere pfiffen aufs Demonstrieren und wollten lieber Taten setzen, zum Beispiel Hochsitze umsägen. Das tun sie zwar seit Jahren regelmäßig, aber dieses Mal brachten sie ihre Straftaten mit Brunos Tod in Verbindung, was ihnen zumindest von Teilen der Bevölkerung als „strafmildernd" angerechnet wurde.

Bruno und „sein" Minister sorgten jedoch nicht nur für Ungemach. Da waren ja auch noch die Hersteller von Teddybären. Der Markenführer legte eine limitierte Sonderausgabe eines Plüschbären mit Trauerflor auf. Fünf Prozent des Kaufpreises sollen, so war zu hören, dem WWF zufließen, der damit die Wiederansiedlung des Braunbären in Europa fördern will.

Inzwischen ist es um Bruno stiller geworden. Es rennt, wie die Bayern volkstümlich sagen, „längst eine andere Sau das Dorf hinunter".

Nachsatz: Wenige Wochen nach „Brunos" Tod stand das schwedische Atomkraftwerk Forsmark kurz vorm Supergau analog zu Tschernobyl. Zur selben Zeit drehte sich ein weit ausholendes Tiefdruckgebiet über Skandinavien und Mitteleuropa. Das Leben von Hunderttausenden, ja die Zukunft Mitteleuropas selbst hing am seidenen Faden. Kein bayerischer Minister zeigte sich darüber öffentlich besorgt, und die Medien widmeten Forsmark nur einen Bruchteil der Aufmerksamkeit, die Bruno zuteil wurde. Während westliche Kernkraftwerke, trotz inzwischen zahlloser Störfälle, als die sichersten Einrichtungen der Welt gelten, kratzte Bruno scheinbar an den Grundfesten unserer Zivilisation.

# Bär, Wolf und Luchs:
# Die unbekannten Wesen

## Am Anfang war der Höhlenbär

Seit Urzeiten teilen sich Bär und Mensch denselben Lebensraum. Erst in den letzten 150 Jahren wurde der europäische Braunbär in Teilen seines ursprünglichen Verbreitungsgebietes ausgerottet. Die Ahnen dieses auch für heutige Begriffe großen Landsäugers waren noch um einiges größer. Es war der eine Schulterhöhe von 1,70 Meter erreichende Höhlenbär *(Ursus spelaeus)*, der im Pleistozän (400.000 bis etwa 13.000–10.000 v. Chr.) ganz Europa bewohnte und selbst im nördlichen Afrika vorkam. Das bezeugen jedenfalls zahlreiche Knochenfunde in Höhlen. Auch in Südtirol, in der Conturines-Höhle bei Corvara, fanden Wissenschaftler 1997 Skelettteile von Höhlenbären. Später diskutierten Zoologen darüber, ob es sich beim „Conturines-Bären" eventuell um den Vertreter einer Unterart des Höhlenbären handelt oder sogar um eine eigene Art. Und schon wurde er „Ursus ladinicus" (Ladinischer Bär) genannt. Zwei Jahre später entdeckten Forscher im benachbarten Trentino, in der Nähe von Avio, Knochen eines Höhlenbären.

Für die Menschen der Frühzeit war er ein ungleich gefährlicherer Gegner als der heutige Braunbär. Zum einen, weil er diesen an Größe und Stärke weit übertraf, zum anderen weil sich die Bewaffnung der damaligen Menschen auf primitive Speere und Keulen beschränkte. Dabei muss schon die Haut des Bären so stark gewesen sein, dass wohl die meisten nur von Muskelkraft geschleuderten oder gestoßenen Speere abprallten oder zumindest nur oberflächlich eindringen konnten. Selbst wenn man den Menschen der Frühzeit ein gerüttelt Maß an Entschlossenheit und Hinterlist zubilligt, so waren sie doch sicher nie in der Lage, die Höhlenbären ernsthaft zu reduzieren, geschweige denn diese auszurotten. Trotzdem starb der Höhlenbär – nicht der Mensch – vor rund 10.000 Jahren aus. Das zeigt, wie absurd die Ängste des Menschen vor dem Bären sind.

Natürlich sehe ich die Sache an dieser Stelle etwas verzerrt. Denn selbstverständlich werden jede Menge Homiden dem Höhlenbären

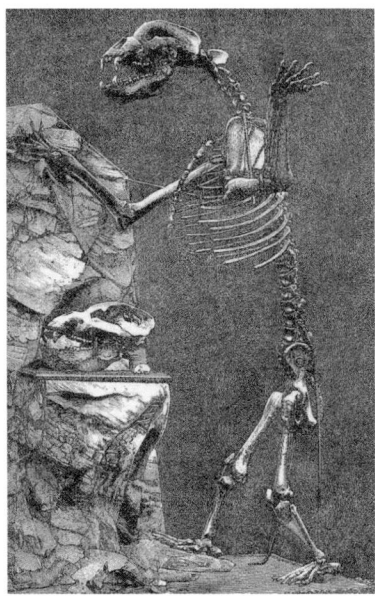

Der Höhlenbär *(Ursus spelaeus)* ist längst ausgestorben. Sein aufrecht gestelltes Skelett kann man im Wiener Hofmuseum sehen.

zum Opfer gefallen sein, und hinter jedem Einzelnen stand nicht nur dessen Schicksal, sondern auch das seiner Angehörigen. Trotzdem war die Art Mensch in ihrer Existenz durch den Höhlenbären nie bedroht, der einzelne Mensch aber sehr wohl.

Nun sind wir den Höhlenbären längst los, nicht aber den Tod. Im relativ kleinen Österreich wurden im Jahr 2004 insgesamt 11.448 strafbare Handlungen gegen Leib und Leben abgeurteilt, darunter 36 Morde. Das ist ungeheuer viel, und trotzdem leben wir hier freiwillig und gern! In Deutschland wurden im gleichen Jahr 2480 Tatbestände von Mord und Totschlag erfasst. Etwas zynisch ließe sich jetzt fragen, wie viele Hundert oder Tausend sogenannter „Problembären" Deutschland bräuchte, bis menschliche und bärige Killer miteinander konkurrieren könnten?

Warum der Höhlenbär ausstarb, ist bis heute unklar. Es wird vermutet, dass klimatische Veränderungen die Ursache waren. Alle seine heute noch lebenden Verwandten sind deutlich kleiner als er. Einer der kleinsten ist der in Europa lebende Braunbär *(Ursus arctos)*. Er erreicht selten eine Schulterhöhe von mehr als einem Meter (maximal 1,25 Meter). Der Höhlenbär brachte es auf immerhin auf 1,7 Meter und bis zu zwei Meter Kopf-Schwanz-Länge. Trotzdem können wir Menschen es auch mit unseren „kleinen" Braunbären körperlich nicht aufnehmen. Aber das können wir ja weder mit einem größeren Hund noch mit einem Pferd. Trotzdem finden die meisten von uns Hunde und Pferde einfach toll.

## Bären sind perfekte Energiesparer

Die in Europa lebenden Braunbären bilden im zoologischen Sinne eine Familie innerhalb der Gattung der Großbären. Sie sind nahe verwandt mit dem in Nordamerika vorkommenden Grizzly, der sie aber an Größe und Gewicht weit übertrifft. Alle Großbären neigen dazu, eine Winterruhe zu halten, wobei sich die Forscher bis heute nicht darauf einigen konnten, ob Bären nun tatsächlich echte Winterschläfer oder nur Winterruher sind. Jedenfalls legen sich „unsere" Braunbären zur Ruhe, sobald der Winter einbricht und die Nahrung knapp wird. Allerdings zeigen sie dabei keine „gewerkschaftliche" Disziplin; sie sind in Sachen „Arbeitszeit" flexibel. Dort, wo sie im Winter

Echten Winterschläfern sagt die innere Uhr, wann es Zeit ist, mit dem Schlaf zu beginnen. Bären richten sich weitgehend nach dem Nahrungsangebot. Daher kann man auch bei Schneelage ihre gewaltigen Spuren finden.

gefüttert werden, was zum Beispiel in Zoos, aber auch in manchen Bärenrevieren des Balkans der Fall ist, gehen sie nicht oder erst sehr spät ins Winterlager. Unter nicht manipulierten alpinen Bedingungen ist die Winterruhe aber die Regel. Je nach Witterung ist das Ende November oder Anfang bis Mitte Dezember der Fall. Im vergangenen Jahr begegneten meine Frau und ich im Süden Sloweniens noch in der zweiten Dezemberhälfte Bären, obwohl es bereits einen halben Meter Schnee und Temperaturen unter $-10°$ Celsius hatte; sie wurden gefüttert.

Auch die Dauer der Ruhe variiert. Männliche Bären beenden ihren Schlaf manchmal bereits in der zweiten Februarhälfte; sie richten sich dabei weitgehend nach der herrschenden Witterung. Die Bärinnen bleiben wesentlich länger im Lager, jedenfalls dann, wenn sie im Winter Junge zur Welt gebracht haben. Dann kann es durch-

Wildbiologen des Adamello-Brenta-Nationalparks inspizieren eine Bärenhöhle.

aus Ende Mai werden, ehe sie das Lager gemeinsam mit den Jungen verlassen.

Zwar ist immer von der Winterhöhle oder Bärenhöhle die Rede. Die meisten Braunbären begnügen sich jedoch mit sehr dürftigen Unterkünften. Echte Höhlen sind nicht unbedingt die Regel. Viel häufiger schiebt sich der Bär bei Wintereinbruch unter den aufgeklappten Wurzelteller eines vom Wind umgedrückten Baums oder überhaupt nur unter einen gefallenen Stamm, unter einen Überhang oder einen vorstehenden Fels. Auf Komfort, etwa auf eine Auspolsterung des Lagers, legt er überhaupt keinen Wert.

Solange der Bär in seinem Lager ruht, nimmt er keinerlei Nahrung auf und sondert weder Kot noch Urin ab. Dafür reduziert er aber ganz stark seinen Kreislauf. Der Puls sinkt um rund die Hälfte, und auch seine Körpertemperatur fällt ab. Damit sein weit heruntergefahrenes Lebenslicht nicht ganz erlöscht, verbrennt er nun das im Herbst angefressene Fett. Leichthin könnte man meinen, so ein Winterschlaf oder eine Winterruhe sei eine reine Erholungsphase.

Dem ist jedoch nicht so. Pflegebedürftige Menschen, die ihre Zeit im Bett verbringen müssen, weil sie nicht mehr mobil sind, verlieren rasch an Muskel- und Knochenmasse. Das geht auch Wildtieren so, obwohl sie nach Beendigung des Schlafes oder der Ruhe wieder voll mobil sein müssen. Wissenschaftler haben von Schwarzbären zu unterschiedlichen Jahreszeiten, also während des Schlafes und während verschiedener aktiver Phasen, Blutproben genommen. Darin fanden sie zwei Substanzen, von denen die eine Knochenverlust und die andere Knochenaufbau anzeigen. Bären bauen demnach während der Ruhe zwar durchaus Knochenmasse ab. Da sie aber während des Winterschlafs weder Urin noch Kot abgeben, andererseits bis zu einem Viertel ihres Gewichtes verlieren, reichert sich Kalzium an. Dieses steht nach dem Erwachen für den Neuaufbau der Knochen zur Verfügung.

## Bären sind bei der Geburt Winzlinge

Drei und teilweise sogar fünf Monate ohne Nahrungsaufnahme und ohne „festem Dach überm Kopf" zu überleben, ist eine Leistung. Auch die Fähigkeit, während dieser Zeit nicht ein einziges Mal aufs Klo zu müssen, versetzt uns in Staunen. Aber fast unglaublich ist die Art, wie Bärinnen ihre Jungen zur Welt bringen. Sie tun dies während des Winterschlafes, und die Jungen sind, gemessen an Größe und Gewicht der Mutter, winzig. Gerade einmal 300 bis 400 Gramm wiegen die Neugeborenen. Das entspricht nicht einmal einem halben Prozent des Gewichtes der Mutter! Wenn die Kleinen, meist im späten Frühjahr, mit der Mutter das Winterlager verlassen, wiegen sie maximal fünf Kilo, das entspricht dem Gewicht eines halbwüchsigen Dackels.

Während der ersten beiden Lebensjahre bleiben die Jungen bei ihrer Mutter. Man sollte meinen, bei ihr wären sie in guter Obhut. Was die mütterliche Fürsorge betrifft ja. Aber da sind ja auch noch die Bärenväter, und die zeigen ihrem Nachwuchs wenig väterliche Gefühle. Bärinnen werden nämlich erst dann wieder paarungsbereit, wenn die Jungen abgestillt sind und eigene Wege gehen. Das scheint für erwachsene männliche Bären Grund genug, Bärenbabys und Jungbären zu töten. Ein ähnliches Verhalten ist auch von Lö-

Eine Bärin mit ihren beiden Jungen an einem Waldrand in Slowenien.

Verspielter Jungbär neben einem Baumstrunk im Trentino.

wen bekannt. Dort töten die Männchen aber nur die von Rivalen gezeugten Jungen und nicht die eigenen.

Es ist also kein Wunder, dass Bärenkinder sehr schnell das Klettern lernen und bei Gefahr in Bäumen Schutz suchen. Erwachsene Bären sind zwar auf dem Boden unglaublich schnell, aber infolge ihres Gewichtes keine guten Kletterer mehr.

Meist nach zweieinhalb Jahren werden die Jungbären ihren Müttern lästig und müssen sich eigene Reviere suchen. Diese Phase des Loslösens von der Mutter und des Suchens nach einem eigenen Lebensraum ist für viele Wildtiere eine der schwierigsten im Leben. Das gilt besonders für Gebiete, die von einer bestimmten Art schon flächendeckend besiedelt sind. Bei den Bären ist das im Alpenraum noch lange nicht der Fall. Sie finden sozusagen direkt vor der mütterlichen Haustür bärenfreie Räume genug. Trotzdem kommt es, wie uns Bruno zeigte, in Einzelfällen zu erheblichen Wanderungen. Wahrscheinlich suchen die halbwüchsigen Bären auf ihren Wanderungen trotzdem geruchlichen Kontakt mit Artgenossen. Das würde das weite und scheinbar ziellose Umherwandern einzelner Jungbären zumindest teilweise erklären.

Gerade junge Bären sind entdeckungsfreudig und ausgezeichnete Kletterer.

# Der Bären Wander- und Studienzeit

Das Adamello-Brenta-Gebirge bietet auch heute noch für Bären ein genügend großes Rückzugsgebiet. Im Bild das Val di Tovel mit dem Tovelsee.

In Gebieten mit hoher Bärendichte ist es für Jungbären schwer, einen freien Raum zu finden. Entweder sie führen ein Untergrunddasein im Grenzbereich anderer Bärenreviere oder sie wandern aus. Solche „Auswanderer" fanden immer wieder den Weg vom Süden Sloweniens nach Österreich oder ins Friaul. Im Friaul oder in Kärnten geborene Bären wandern dann eher Richtung Westen, also nach Südtirol, als zurück ins dichter besiedelte Land ihrer Väter.

Auf ihren Wanderungen werden Jungbären auch mit Situationen konfrontiert, die sie unter Umständen vorher nicht kannten. Das können weit abseits der Dörfer weidende Schafe sein, Bienenstöcke am Ortsrand oder sogar für einen Bären verheißungsvoll duftende Mülltonnen. Im ersten Abschnitt ihres Lebens war immer die Mutter zugegen und entschied, worauf man sich einlassen darf und worauf nicht. Da Bärinnen meistens fünf, ja sogar sechs Jahre alt werden müssen, ehe sie ihren ersten Nachwuchs zur Welt bringen, haben sie vorher Zeit genug, Lebenserfahrung zu sammeln, die sie an ihre Jungen weitergeben. Aber sie werden selten mit allen denkbaren Situationen konfrontiert. In den großen Wäldern unterm

Die meisten Bären leben absolut unauffällig. /
Würden sie nicht hin und wieder Spuren oder
Kot hinterlassen, blieb ihre Anwesenheit oft
unbemerkt. Die Aufnahme entstand im Fels-
sturzgebiet Schütt am Dobratsch in Kärnten.

An toten und kranken Bäumen
reißt der Bär, auf der Suche
nach Insektenlarven, häufig die
Rinde ab.

Snežnik oder im Kočevski Rog lebt es sich eben anders als in Vorarlberg oder im relativ gut erschlossenen und von Menschen über-
laufenen Südtirol. Aber nun sind die Jungbären ja auf sich allein
gestellt; sie machen dabei nicht nur neue Erfahrungen – sie sammeln auch Schlüsselerlebnisse.

Der Jungbär, der draußen im Wald den Kanister mit Bio-Kettenöl
(für Motorsägen) findet und diesen ungestört öffnen und leeren
kann, wird künftig gezielt danach suchen. Dass es verboten ist, eine
Waldhütte gewaltsam aufzubrechen, nur weil es verführerisch nach
Kettenöl riecht, weiß er nicht. Je häufiger er auf seiner Suche Erfolg
hat, umso mehr pocht er auf sein „Recht". Macht er dabei aber
gleich unangenehme Erfahrungen, wird er diese nicht so schnell
vergessen. So ist es auch mit den Schafen. An den ersten weidenden
Tieren kommt er vielleicht rein zufällig vorbei. Er hat Hunger und
Spaß und nimmt sich eines. Niemand stört ihn dabei. Beim nächsten
Mal liegt an seinem Weg ein Stall, in dem sich Schafe befinden. Er
erinnert sich, kapiert ruckzuck, wie leicht sich die Stalltür öffnen
lässt, hat wieder Erfolg und zieht wieder unbehelligt ab. Das ist so
ungefähr der „Studiengang", den Bruno absolviert haben mag. Möglicherweise läuft die Sache aber auch ganz anders, und er bekommt
vom Menschen eine kräftige Lektion, dann wird er höchstwahr-
scheinlich, zumindest für einige Zeit, seine Lehren daraus ziehen.

## Den Bären fehlt die Mimik

Wer sich mit Tieren etwas intensiver beschäftigt, erkennt meist auch die Stimmung, in der sie sich befinden. Sie verständigen sich teils mit Lauten, aber noch weit mehr mithilfe ihrer Körpersprache. Besonders die Hundeartigen haben eine sehr ausgeprägte und differenzierende Körpersprache. Hund und Wolf sieht man ziemlich problemlos an, was sie momentan „denken", was sie bewegt oder wozu sie entschlossen sind. Hunde beispielsweise können regelrecht lachen. Sie tun dies zwar nicht laut, aber mit ihrer Gesichtsmimik, ganz ähnlich wie wir Menschen.

Beim Wolf spricht die Haltung der Ohren oder des Schwanzes für sich. Er „rümpft" die Nase oder zeigt durch Anheben der Oberlippen seine Fangzähne. Das alles gehört zu Sprache der Hundefamilie. Sie ist leicht erlernbar. Einige unserer Jagdhunde wollten beispielsweise am Anfang ihrer „Karriere" ein gefundenes Wild allein besitzen und mich nicht heranlassen. Manche Hundeführer setzen sich in solcher Situation mit angemessener Gewalt durch. Für Jagdhunde sind solche spontane und ohne Vorwarnung vom Menschen gesetzte Aktionen nicht „nachvollziehbar". Denn sie selbst greifen ja in einer solchen Situation erst nach deutlicher Warnung an. Daher haben sie Probleme, unser Verhalten richtig einzuordnen. Ich habe, wenn mich einer unserer Hunde anknurrte, weil er ein Stück Wild oder einen bestimmten Platz für sich allein beanspruchte, ihn ebenfalls angeknurrt und dabei meine Zähne gezeigt. Das ist eine für jeden Hund unmissverständliche Drohung. Je nach bisheriger Erfahrung mit seinem Führer wird der so bedrohte Hund sich ergeben oder die eigene Drohung verstärken, in der Hoffnung, dass wir doch noch kuschen. Erst wenn er dies tat, kam von mir der „Angriff", das heißt, ich verschaffte mir mit körperlicher Stärke Respekt. Mit keinem meiner Hunde gab es derartige „Diskussionen" häufiger. Nach der ersten oder zweiten Auseinandersetzung hatten die Hunde verstanden und akzeptierten mich auch an ihrer Beute als Rudelführer.

Die Körpersprache sagt bei vielen Tieren viel mehr aus als die ihnen eigenen Lautäußerungen. Da wir Menschen uns untereinander überwiegend vokal verständigen, beachten wir Tierlaute oft viel mehr als ihre Körpersprache. Ein kleines Beispiel: Wir gehen an einem fremden Haus vorüber, in dessen Garten ein Hund frei läuft. Er entdeckt uns, springt zum Zaun und kläfft uns ganz giftig an. Das macht Eindruck auf uns. In vielen Fällen wird der Hund aber nicht nur bellen, sondern gleichzeitig mit dem Schwanz wedeln. Was wir als gefährlich und aggressiv einstufen, bedeutet in Wirklichkeit etwas ganz anderes. Mit seinem Bellen sagt uns der Hund nämlich – solange der Schwanz wackelt – nichts anderes als „Hallo, Servus, Srečno oder Ciao, schön dass du vorbei kommst! Aber pass auf, in diesem Garten bin ich Rudelführer". Der wedelnde Schwanz des Hundes kommt einer weißen Fahne gleich.

Bären gehören zu den eher wenigen Säugetieren, die auf eine auch uns erkennbare Körpersprache weitgehend verzichten. Bären besitzen keine für uns erkennbare Mimik. Sie warnen vor einem Angriff auch nicht durch Knurren, ziehen nicht die Lefzen hoch oder legen die (ohnehin kleinen) Ohren zurück. Auch am Schwanz, der ja fehlt, können wir ihre Stimmung nicht erkennen. Der Bär greift, wenn überhaupt, spontan und ohne Vorwarnung an. Letztere liegt, wenn wir so wollen, im Angriff selbst, denn meistens handelt es sich nur um einen Scheinangriff. Dieser ersetzt die ganze Palette der Warnsignale, über die beispielsweise Wolf oder Hund verfügen. Mit seinem Scheinangriff erreicht der Bär dasselbe, nämlich Distanz zwischen sich und uns. Danach können beide Parteien in Würde auseinandergehen. Greifen jedoch Wolf oder Hund an, tun sie dies in Entschlossenheit und nicht als kalkulierte Warnung mit „Abbruchgarantie".

Dieser Umstand ist es, der den insgesamt eher gutmütigen Bären für viele von uns „unheimlich" macht. Hinzu kommen seine verhältnismäßig kleinen Augen, die ebenfalls unberechenbar wirken. Pferde zeigen, wenn sie in gereizter Stimmung sind, das Weiß ihrer relativ großen Augäpfel. Sie legen in solcher Situation aber auch die Ohren zurück oder scharren unwillig mit den Hufen. Der Bär gibt uns keines dieser Signale. Das Einzige, was wir bei einer Begegnung von ihm hören – und als bedrohlich einstufen! –, ist sein „Blasen". Dieses mag aggressiv klingen, ist es aber nicht. Der Bär stößt die Luft aus und macht sich damit die Nase frei, um postwendend wieder Luft einzuschniefen. Diese streicht dabei über seine Riechlamellen und verschafft ihm Klarheit über sein Gegenüber.

An dieser Stelle sei erlaubt, aus alten Quellen zu zitieren. Georg Ludwig Hartig (1764–1837) schrieb in seinem „Lehrbuch für Jäger und die es werden wollen" (Herausgabedatum unbekannt) über Nahrung und Verhalten des Bären Folgendes: *„Die Nahrung des Bären besteht vorzüglich in Baumfrüchten jeder Art, in Wurzeln, Kräutern, Insekten, vorzüglich Ameisen, auch in Honig und allen Tieren, die er erhaschen kann. Meistens aber nährt er sich vom Pflanzenreiche und wird bei guten Mastjahren gewöhnlich sehr fett."* Soweit hat der alte Hartig durchaus recht. Aber dann schreibt er unter „Merkwürdige Eigenheiten" weiter: *„Der Bär empfängt seinen Feind jedes Mal auf den Hinterläufen stehend und sucht ihn durch eine Umarmung mit den Vorderläufen, wobei zugleich gebissen wird, zu erwürgen."* Diese jeder Grundlage entbehrende „Weisheit" konnte sich bis heute halten.

## Wölfe sind ganz anders

Wölfe sind aus ganz anderem Holz geschnitzt als Bären. Während Letztere einsiedlerisch umherziehen, leben Wölfe in streng organisierten Gemeinschaften. Die Größe dieser Rudel hängt weitgehend vom Nahrungsangebot ab. Je größer die wichtigsten Beutetiere eines Rudels sind, umso kopfstärker ist auch das Rudel. Ein Reh oder ein Schaf erbeutet selbst ein einzelner Wolf. Ganz anders ist die Sache, wenn ein Elch oder ein Rentier erbeutet werden soll. Da müssen schon mehrere Wölfe zusammenarbeiten. Effizient „arbeiten" kann ein Rudel jedoch nur, wenn es eine ganz klare Rangordnung gibt. Männliche und weibliche Wölfe haben jeweils eigene Rangordnungen, wobei der ranghöchste männliche Wolf über dem ranghöchsten weiblichen Wolf steht. Doch sind alle anderen männlichen Wölfe eines Rudels dem ranghöchsten Weibchen unterlegen. Die Ränge werden weitgehend vom Alter der Tiere bestimmt. Man könnte das ein wenig mit unserer menschlichen Gesellschaftsordnung vergleichen, wie sie vor 50 Jahren noch gegeben war. Damals galten alte Menschen als Respektspersonen, die geachtet wurden und deren Wort etwas galt. Inzwischen zählt aber in der rein auf Leistung setzenden Gesellschaft die Erfahrung alter Menschen nicht mehr viel. Bei den Wölfen ist also, wenn man so will, die soziale

Die Größe der Beutetiere bestimmt die Kopfstärke der Wolfsrudel.

Welt noch in Ordnung. Jungwölfe würden nie wagen, einem Alt-
wolf an den Balg zu fahren. Menschliche Teenager haben da keine
Hemmungen mehr. Nur zwischen zwei annähernd gleichrangigen
und gleichgeschlechtlichen Tieren kommt es zu ernsten Auseinandersetzungen. Entweder eines der Tiere unterwirft sich oder es
muss gehen.
Selbst das Paarungsverhalten wird von der Rangordnung bestimmt.
Wölfe bekommen weder Kindergeld noch Familienbeihilfe. In der
Regel wird daher auch nur das ranghöchste Weibchen schwanger.
Durch seine Aggressivität unterdrückt es bei seinen Rudelgenos-
sinnen deren Östrus. In nahrungsarmen Jahren ist die Fortpflanzung
gering, die Leitwölfin bringt dann nur wenige Junge zur Welt, in
nahrungsreichen Jahren entsprechend mehr. Die übrigen im Rudel
lebenden „Singles" – die nicht reproduzierenden Weibchen – helfen
bei der Nahrungsbeschaffung und bei der Aufzucht der Jungen.

Wölfe sind ausgesprochene „Feiglinge", in deren Beuteschema der Mensch nicht passt.

## Bei den Wölfen ist „Sprache" alles

Wölfe, die sich nicht einig sind, haben nur geringe Überlebenschancen. Für „Individualisten" ist im Wolfsrudel wenig Platz. Als Rudeltiere, die überdies im Team jagen, müssen Wölfe über eine differenzierte „Sprache" verfügen, die ihnen eine sichere Verständigung erlaubt. Das ist die Voraussetzung für die Aufrechterhaltung der Hierarchie, von der wiederum der Jagderfolg abhängt. Jeder Wolf muss exakt wissen, was „Sache" ist. Die Verständigung erfolgt mittels einer Lautsprache, aber ebenso per Gesichtsausdruck, Körperkontakt oder mithilfe einer sehr differenzierten Körpersprache. Man könnte diese letztgenannte Kommunikationsform sehr wohl mit der menschlichen Gebärdensprache vergleichen.
Wölfe verständigen (und stimulieren) sich also auch vokal untereinander. Dabei sind gleich sechs Grundformen des Lautes zu unterscheiden: das Winseln sowie Wuff-, Knurr-, Bell-, Schrei- und Heullaute. Mit dem Winseln bringen sie Unruhe oder Unzufriedenheit zum Ausdruck, aber auch sexuelle Erregung. Bei Gefahr lassen Wölfe ein einsilbiges „Wuff" hören, mit dem sie sich gegenseitig aufmerksam machen. Dieser Laut wird manchmal ausgebaut und geht dann in ein Bellen über, welches immer eine große Erregung anzeigt. Das Knurren ist ein vor allem innerhalb der Rudelgemein-

schaft vorgetragener Warnlaut, mit dem Körpergesten, wie das Zeigen der Fangzähne, unterstrichen werden. Wölfe knurren, wenn sie an einer gerissenen Beute ihren Fressplatz verteidigen oder bei Auseinandersetzungen um die Rangordnung im Rudel. Aus dem Knurren wird bei einem unterlegenen und angegriffenen Tier sehr schnell ein „Schreien". Auch ganz junge miteinander spielende beziehungsweise raufende Wölfe schreien.

Doch die wirklich charakteristische und allgemein bekannte Lautform des Wolfes ist das Heulen. Wenn man genau hinhört, lassen sich die einzelnen Stimmen eines Wolfsrudels sehr gut voneinander unterscheiden. Folglich werden auch die Wölfe selbst sehr gut wissen, wer ihnen etwas sagen will oder eine Antwort gibt, auch wenn zwei „Heuler" räumlich getrennt sind. Häufig löst das Heulen eines Wolfes gleich einen ganzen Chor von Stimmen aus. Dabei ist interessant, dass dem Heulen eines rangniedrigen Wolfes eher selten das ganze Rudel antwortet. Heult aber ein ranghoher oder gar der Leitwolf, dann heulen – wie der Wolfsforscher Eric Zimen herausfand – meistens alle anderen Wölfe aus „Sympathie" mit. Das ist nicht nur ein Zeichen dafür, dass sich die Rudelmitglieder an der Stimme kennen, sondern irgendwie zutiefst menschlich …

Das Heulen der Wölfe ist in stillen Nächten unglaublich weit zu hören. Wölfe rufen sich damit bei der Jagd wieder zusammen, und sie signalisieren fremden Artgenossen lautstark ihre Anwesenheit und Besitzansprüche. Wer jetzt mal schnell in die Abruzzen, nach Kočevje oder in die Lausitz fahren will, um Wölfe zu hören, muss wissen, dass die Tiere nicht das ganze Jahr hindurch heulen. Vor allem während der Zeit der Trächtigkeit und Jungenaufzucht, von März bis Juni, schweigen sie sich aus. Es wäre ja auch fatal, wenn sie jetzt den Aufenthaltsort ihrer Jungen verraten würden. Erst im Juli hören wir sie wieder. Dann sind die Jungen schon größer und begleiten die Alten bereits. Am meisten geheult wird im Herbst, so ab Oktober, und im Frühwinter. Aber da passt es ja auch viel besser zur Stimmung – zur kalten sternklaren Nacht.

Wölfe hinterlassen überdies für Rudelmitglieder wie für fremde Artgenossenschaften Nachrichten in Form von Duftstoffen, die sie dem Kot oder Urin beigeben oder in den Boden scharren. Und ehe wir's vergessen: Zur Sprache der Wölfe gehören durchaus auch Zärtlichkeiten!

## Wölfe sind anatomische Wunderwesen

Wölfe sind auch hinsichtlich ihrer Anatomie faszinierende Wesen. Schon ihr Gebiss ist eine kleine Sensation. Allein die Eckzähne, mit denen sie ihre Beutetiere sowohl festhalten als auch töten, wirken mit einem Druck von 150 kg/cm$^2$; da bleibt kein Knochen heil. Ihre Augen sind so im Gesichtsschädel angeordnet, dass sie ohne Bewegung einen Blickwinkel von 250° erfassen können; wir Menschen überblicken nur 180°. Dazu kommt noch eine hervorragende Nachtsichtigkeit. Das ist die Voraussetzung, um bei Dunkelheit Beute zu machen. Und sie müssen auch gut hören; Wölfe realisieren Töne bis 40 kHz, wir Menschen nur bis 20 kHz. Wölfe können daher ihre Artgenossen unter günstigen Voraussetzungen bis zu einer Distanz von fast zehn Kilometern hören. Natürlich hören sie auch ihre Beu-

Wölfe haben lange Gesichtsschädel und können daher besonders gut riechen. Ihre Ohren sind bewegliche Schalltrichter, die auch feine Töne noch empfangen. Ebenso gut sind ihre Augen. Ihre Anatomie befähigt sie ausdauernd zu laufen und große Strecken zu überwinden.

tetiere und uns Menschen auf große Entfernung. Kein Wunder, dass sie uns fast immer schneller wahrnehmen als wir sie. Und wenn es darauf ankommt, sind sie nicht nur schnell, sondern auch unglaublich ausdauernd. In einer einzigen Nacht können Wölfe locker 60 Kilometer zurücklegen, doch wurden mithilfe der Telemetrie auch schon Tagesleistungen von 190 Kilometer nachgewiesen. Dabei entwickeln sie Spitzengeschwindigkeiten von bis zu 50 km/h und erreichen eine Herzfrequenz von bis zu 200 Schlägen pro Minute. Das garantiert ihnen ausreichend Sauerstoffzufuhr ins Blut.

Auch Bären zeigen sich gelegentlich als ausdauernde Wanderer. Das bewies die Bärin „Vida", die Anfang dieses Jahrhunderts, aus dem Trentino kommend, weit in Südtirol herumwanderte, ehe sie nach Österreich wechselte. Seither gilt sie als verschollen. Auch der Bär „Bruno" nahm viele Hundert Kilometer unter die Branten, ohne sesshaft zu werden.

## Der Luchs kommt auf leisen Pfoten

Unter den Blinden ist der Einäugige König! An diesen geläufigen Spruch wird man immer wieder erinnert, wenn der Luchs als „Großraubwild" genannt wird. Tatsächlich gehört er zoologisch zu den Kleinkatzen. Die Katzenfamilie teilt sich in zwei Unterfamilien, die Geparden und die echten Katzen *(Felidae)*. Zu diesen sogenannten echten Katzen gehören wiederum zwei Gattungen, nämlich Großkatzen *(Pantheri)* und Kleinkatzen *(Felini)*. Zu Letzteren gehört als Art der Luchs. Im Laufe der Evolution haben sich fünf verschiedene Luchsarten herausgebildet: Wüstenluchs *(Lynx caracal)*, Rotluchs *(Lynx rufus)*, Kanadaluchs *(Lynx canadensis)*, Pardelluchs *(Lynx pardina)* und Nordluchs *(Lynx lynx)*. Nur zwei von ihnen, nämlich Nordluchs und Pardelluchs, kommen in Europa vor. Letztgenannter lebt nur auf der Iberischen Halbinsel. Die Bezeichnung Nordluchs ist etwas irreführend, denn seine Verbreitung ist keineswegs auf den Norden Europas beschränkt, sondern reicht weit in den Süden hinab.

Im Gegensatz zu allen anderen Katzen fallen die Luchse durch ihre kurzen, wie kupiert wirkenden Schwänze auf; hinzu kommen Haarbüschel (Pinsel) an den Ohren. Luchse haben relativ stumpfe Katzengesichter. Und weil ihre Nase so kurz ist, können sie auch nicht sonderlich gut riechen. Bären haben eine sehr lange Nase und daher ein exzellentes Riechvermögen. Auffallend sind auch die verhältnismäßig dicken und stark behaarten Sohlen. Sie erschweren das Einsinken des Tieres im Schnee und machen es somit seiner Hauptbeute Rehwild überlegen. Die Farbe des Felles variiert von fahlem Grau bis Rotblond. Ganz unterschiedlich ist auch die Verteilung der Flecken des Fells. Wildbiologen „registrieren" Luchse mithilfe von Fotofallen, wobei die unterschiedliche Fleckung hilft, die einzelnen Tiere zu unterscheiden.

In der älteren Literatur ist immer noch zu lesen, der Luchs lauert seiner Beute auf Bäumen auf und springe sie von oben an. Das ist absolut falsch. Der Luchs pirscht sehr vorsichtig an das Wild heran, und nur wenn es ihm gelingt, auf weniger als zehn Meter an dieses heranzukommen, startet er einen Angriff. Im Schnitt nähert sich der Luchs seiner Beute auf sechs Meter. Gelingt es ihm dann nicht, seine flüchtende Beute innerhalb von 20 Metern einzuholen, bricht er den Angriff meist ab. Sobald die Verfolgung die 20-Meter-Marke überschreitet, sinkt die Erfolgsrate auf gut ein Drittel. Der Luchs will also auf Nummer sicher gehen. Ein Wild, das er anjagt, muss möglichst auch gefangen werden. Denn mit jedem entkommenen Wild wird es schwieriger, Beute zu machen, weil diese Tiere besonders sensibilisiert sind, ihr Verhalten ändern und mit diesem geänderten Verhalten andere Wildtiere ebenfalls gegenüber dem Luchs sensibilisieren. Gelang es dem Luchs, Beute zu machen, bleibt er in deren Nähe, bis er sie verzehrt hat. Danach wechselt er meist in einen entfernteren Teil seines Reviers, damit am „Tatort" wieder Ruhe einkehren kann. Damit jagt er im Prinzip viel schonender als wir menschlichen Jäger. Wie groß das Revier eines Luchses ist, hängt vom darin enthaltenen Beuteangebot ab; meist sind es zwischen 10.000 und 25.000 Hektar.

Gelingt es dem Luchs aber, ein Reh oder ein junges Wildschwein zu reißen, zieht er dieses gelegentlich zur nächsten Deckung und scharrt es, wenn er genug davon gefressen hat, zu. Wird er bei seiner Beute nicht gestört, kehrt er so lange zurück, bis diese vollständig gefressen ist. Die deutsche Wildbiologin Ingrid Hucht-Ciorga fand im Bayerischen Wald ein vom Luchs getötetes Hirschkalb, zu dem der Luchs drei Wochen lang jede zweite oder dritte Nacht zu-

Eine seltene Dokumentaraufnahme aus dem Schweizer Jura. Eine Luchsin ruht mit ihren beiden Jungen am Rande eines steilen Tobels.

Die langen Haarbüschel an den Ohren sind ein Markenzeichen des Luchses. Die breiten Pfoten mindern das Einsinken der Tiere im weichen Schnee.

rückkehrte, um satt zu werden. Häufig finden sich aber Mitesser ein, etwa Füchse, Marder, Adler, Bussarde oder Rabenvögel.

Luchse sind Einzelgänger und verteidigen ihre Reviere (Wildbiologen sagen Streifgebiete) gegen Artgenossen. Allerdings dulden die Männchen in ihren Revieren Weibchen, während die Weibchen untereinander peinlich auf Trennung bedacht sind. Gemeinsamkeiten gibt es nur zur Paarungszeit, Ranz genannt, sowie zwischen Mutter und Jungen während der Aufzucht. Rund ein Jahr bleiben sie zusammen. So lange dauert es, bis die Jungen gelernt haben selbstständig zu jagen. Dann müssen sie sich eigene Reviere suchen. Um ein solches zu finden, sind oft lange Wanderungen erforderlich, die ein Teil der Jungluchse nicht überlebt. Damit reguliert die Natur den Zuwachs. Je dichter eine Landschaft bereits von Luchsen besiedelt ist, umso mehr Jungluchse sterben, ehe sie einen eigenen Lebensraum gefunden haben. Auch die sogenannte Territorialität selbst, also der Anspruch auf ein eigenes Revier ohne mitbe-

Luchse werden, wo sie zurückkehren, immer noch illegal geschossen. Nur ihr heimliches Wesen sichert ihnen das Überleben.

wohnende gleichgeschlechtliche Artgenossen, sorgt dafür, dass die Luchsdichte für die Existenz von Beutetierarten nicht bedrohlich wird. Sinkt die Zahl der Beutetiere, müssen die Luchse ihre Reviere vergrößern. Damit werden aber auch flächenbezogen weniger Beutetiere als Nahrung benötigt.

Auch Jungbären müssen, meist im dritten Lebensjahr, wandern. Doch weil sie bei der Nahrungswahl flexibel sind, tun sie sich dabei leichter. Notfalls frisst ein Bär auch Gras oder er bricht einen Bienenstock auf. Überdies ist die Nase des Bären, wie schon erwähnt, ungleich empfindlicher als die des Luchses. Der Bär riecht eine Nahrung daher über weit größere Entfernung. Das erspart ihm energiezehrende Wege. Den Bären können wir jedoch, im Gegensatz zum Luchs, nicht zu den „Profijägern" rechnen; meist betätigt er sich als Sammler. Wenn er tötet, dann nimmt er seine schlagkräftigen Tatzen zu Hilfe. Mit ihnen schlägt er sein Opfer nieder und beißt ihm dann mit seinen überaus kräftigen Zähnen ins Genick oder in den Kopf. Luchse töten anders. Sie springen ihr Opfer an und versuchen, es dabei zu Fall zu bringen. Mit ihren scharfen, ausfahrbaren Krallen klammern sie sich am Opfer fest. Dann setzen sie einen Kehlbiss, bei dem die Luftröhre abgedrückt wird und das Opfer in kürzester Zeit erstickt.

# Bär, Wolf und Luchs
# in Märchen und Mythen

Noch immer prägen Märchen und Mythen unser Denken und Empfinden. Einerseits sehen wir uns gern als die Realen, die Nüchternen, als Generation, für die nur Fakten zählen. Andererseits haben wir uns neben diesem sozusagen offiziellen nach außen gekehrten Ich auch noch ein ganz privates bewahrt, eines, das wir eher verborgen halten. Es entstand in unserer Kindheit, in unserer Prägungsphase aus Märchen und Mythen, aus Erzählungen und Mahnungen. So fürchten sich viele Menschen (wohl die Mehrheit) immer noch, allein durch den nächtlichen Wald zu wandern. „Räuber" könnten ihnen auflauern oder „wilde Tiere". Dabei sagt ihnen ihre Ratio, dass die Gefahr, von einem „Räuber" überfallen zu werden, auf dem Weg ins Büro, auf der Bank oder in der Bahn um das Vieltausendfache höher sein muss als im nächtlichen Wald. Trotzdem gehen sie ohne Angst zum Bankomaten, steigen in die S-Bahn oder besuchen ein Fußballländerspiel. Auch Nachbars Lumpi wird uns, sei er auch noch so lieb und anhänglich, viel eher beißen als Fuchs, Wildsau oder Bär auf nächtlichem Waldspaziergang. Trotzdem!

## Der brave Bär und der böse Wolf

Der Wolf wurde bereits in der Bibel als bösartig und gefährlich dargestellt. Jesus wird in der Bergpredigt folgendes Gleichnis unterlegt: *„Hütet euch vor den falschen Propheten. Sie kommen zu euch in Schafskleidern, inwendig aber sind sie reißende Wölfe."* Die Aussage ist, wenn sie denn Jesus getan hat, nicht verwunderlich, schließlich waren die Israeliten seinerzeit überwiegend Hirten. Als solche lebten sie in einer sicher an Wildtieren vergleichsweise armen Landschaft in einem Dauerkonflikt mit Wolf & Co. Für den Bären verbreitet die Bibel eher Sympathie. Sie erteilt uns folgenden empfehlenswerten Rat: *Sprich wenig, sondern brumme wie ein Bär, das lässt den, der bei dir Trost sucht, zur Ruhe kommen."* Der Bär galt sogar bereits in vorbildlicher Zeit als „Persönlichkeit". So

Wallfahrtsort San Romedio.

Gemälde des San Romedio des Malers Luigi Motta.

führte Artio – eine Göttin der Jagd und des Waldes bei den keltischen Helvetern – den Bären als Attribut. Auch die Griechen hatten ihn nicht vergessen. So war Kallisto (griechisch die Schönste) eine alte arkadische Bärengöttin, die später von Artemis verdrängt wurde. Im Mythos wurde Zeus ihr Liebhaber. Von ihm wurde sie in eine Bärin verwandelt und an den Himmel (Sternzeichen des Großen Bären) versetzt. Wer's nicht glaubt, betrachte nur den klaren Nachthimmel …

Dafür, dass der Bär bei der Kirche seit Urzeiten ein weit besseres Ansehen genoss als der Wolf, gibt es viele Hinweise. Natürlich konnte auch Mutter Kirche den Bären nicht von allen Sünden freisprechen. Aber wo es möglich war, vergab sie ihm und wies ihm versöhnliche Rollen zu. Im Trentino liegt der kleine Wallfahrtsort San Romedio, eine kühn auf einem Felsen platzierte Ansammlung von fünf über eine steile Treppe miteinander verbundenen Kirchen. Die älteste datiert aus dem Jahre 1000. Die 1536 fertiggestellte Hauptkirche wurde San Romedio höchstpersönlich geweiht. Um diesen San Romedio rankt sich eine Legende, in der ein Bär die

Die Malereien auf einem Erker in Sulden erinnern heute noch an die Legende mit dem zahmen Bären.

Hauptrolle spielt. Er soll der Sage nach Romedios Pferd gefressen und sich anschließend auf Geheiß des Heiligen selbst vors Gespann gestellt haben. An diesem Ort werden seither auch Bären im Gehege gehalten.

Eine andere Bärenlegende rankt sich um den Südtiroler Ort Sulden. Dort sollen die Bauern in Vorzeiten mit den Bären aus einer Schüssel gegessen haben, und die Kinder sollen auf ihnen geritten sein. Natürlich wird unsere Vorstellungskraft dabei reichlich strapaziert. Doch so ganz aus der Luft gegriffen muss die Geschichte nicht sein. Wäre ja durchaus möglich, dass die Bauern irgendwann ein Jungbärlein mit heimnahmen, dessen Mutter draußen erschossen wurde oder verunglückt war. Da haben sie dem kleinen Petz halt die Schüssel mit den Resten vom eigenen Essen hingehalten, so heikel war man damals nicht. Und als der Bär etwas größer war, balgten die Kinder mit ihm herum und versuchten gelegentlich auf ihm zu reiten. In der Überlieferung wurden dann aus dem einen Bären gleich mehrere oder alle. Doch aus dem Bärenkind wurde ein Halbstarker, und irgendwann musste mit der trauten Zweisamkeit von Mensch und Bär Schluss sein. Also lässt die Sage den letzten Suldener Bären zum Ortler fliehen, nachdem ihm die Suldener an den Pelz wollten, weil der dem Pfarrer einige Schafe gerissen hatte. Auch dieser Teil der Sage kann schlicht und einfach erfunden sein, es kann aber auch ein Stück Wahrheit in ihm stecken. Denn warum sollte der halbstarke Bär, der in damaliger Zeit, wo die Bauern sich selbst kaum ernähren konnten, üppig gefüttert worden sein? Gras wird er halt gefressen haben (was viele Bären tun) und Obst, das auf den Bäumen reifte. Zwischendurch wird er sich hier und dort ein Huhn einverleibt haben. Und irgendwann kam er den Schafen zu nahe, die bei seinem Anblick vielleicht in Panik gerieten, was bei ihm den Beutetrieb auslöste. Das brachte ihm eine ordentliche Tracht Prügel ein, und wer weiß, ob nicht einer der Suldener seine alte Vorderladerflinte aus dem Schrank holte und dem Davoneilenden eine Ladung groben Hagel nachbrannte? Könnte durchaus so gewesen sein. Jedenfalls ist die Geschichte heute noch am Hotel Post in Sulden bildhaft dokumentiert.

Eine weitere Legende kommt aus der Schweiz. Der heilige Gallus, irgendwann um 550 herum in Irland geboren und später auf dem Festland als Missionar tätig, steht auch in einer engen Beziehung zum Bären – natürlich positiv. Der Legende nach kam in der Nacht ein Bär in die Mühleggschlucht, wo Gallus mit seinem Weggefährten Hiltibod lagerte, und richtete sich hoch auf. Das wäre nach heutiger Kenntnis die ganz natürliche Reaktion eines Bären, der sich Gewissheit über eine Störung verschaffen will. Gallus aber ließ sich nicht einschüchtern, befahl dem Bären stattdessen Holz ins Feuer zu werfen. Der Bär tat dies, worauf ihn Gallus mit einem Brocken Brot belohnte. Hiltibod aber meinte später: *„Jetzt weiß ich, dass der Herr mit dir ist, wenn selbst die Tiere des Waldes deinem Wort gehorchen."* Der Bär soll nie wieder aufgetaucht sein.
Auch diese Geschichte kann frei erfunden sein oder einen wahren Kern haben. Ist ja durchaus möglich, dass der Bär, angelockt von ein paar Lebensmittelvorräten des damals noch gar nicht heiligen Gallus, ans Lager kam. Gallus hat ihn angebrüllt und mit weit ausgestreckten Armen zu verscheuchen gesucht, woraufhin der Bär mit seiner Brante in den kleinen Haufen Feuerholz gedroschen hat, wobei ein paar Holzbrocken ins Feuer fielen. Die beiden „Camper" aber mochten sich dabei (bildlich gesprochen) in die Hosen gemacht haben. Und als der Bär endlich unwillig weitergezogen war, bauten sie die Geschichte ordentlich aus.
Mitte des 7. Jahrhunderts starb Gallus, der sich am Ort jener Begegnung als Eremit niedergelassen hatte. Rund hundert Jahre nach seinem Tod, so um 720 herum, wurde in der Nähe eine Abtei gegründet, aus der im Laufe der Zeit die heute schweizerische Stadt Sankt

Gallen entstand. Sie führt den Bären im Wappen. Heute gibt es 250 Gallus-Patrozinien, darunter auch evangelische, die meisten im Elsass, in der Schweiz, in Vorarlberg und in Schwaben. Und überall taucht in Verbindung mit Gallus der Bär auf. Doch nicht nur in den Wappen geistlicher Herren finden wir den Bären, auch eine ganze Reihe nicht ganz unbedeutender Städte hat ihn aufs Schild gehoben und teilweise sogar zum Namengeber gemacht. Erinnert sei nur an die Hauptstädte Deutschlands und der Schweiz, Berlin und Bern.

Obwohl der Bär ein für europäische Verhältnisse überaus großes und starkes Tier ist, gab und gibt es doch zahlreiche Berichte, die ihn entweder als gar nicht so überlegen oder als gutmütig erscheinen lassen. Dabei kann an manchen dieser Geschichten durchaus etwas dran sein. So etwa an jener, die sich der Über-

Statue des heiligen Gallus mit dem Bären in der Pfarrkirche St. Othmar und Gallus im Schweizer Laax.

lieferung nach in Leutasch in Tirol, im Schatten der Zugspitze, abgespielt haben soll. Dort traf ein Holzknecht mit einem Bären zusammen. Da er unbewaffnet war, nahm er einen derben Holzprügel und schlug mit diesem dem Bären so stark auf den Schädel, dass die Schädeldecke brach und Hirn austrat. Die Geschichte liegt durchaus im Bereich des Möglichen, zumal ja nicht verbrieft ist, um was für einen Bären es sich tatsächlich handelte. Es kann ein Jungbär gewesen sein. Auf alle Fälle wird er in den Erzählungen von Mal zu Mal stärker und mächtiger geworden sein. Jener Holzknecht aber wurde fortan „Hirn" genannt. Dieser anfängliche Übername wurde schließlich für nachfolgende Generationen offiziell.

Sie wurden sogar mit dem Prädikat „Bärenstark" in den niederen Adelsstand erhoben. Ihr Wappen zeigt einen Mann, der gegen einen Bären eine Keule schwingt. Wer einem Bären begegnete oder sich mit ihm einließ, war deswegen noch lange nicht zum Tode verdammt. Das zeigt auch diese kleine Geschichte, die in der Pfarrchronik von Weitental in Südtirol vermerkt ist. Demnach schoss 1695 ein gewisser Mathias Gottlieb auf einen Bären, verwundete ihn aber nur. Der Bär griff ihn an und packte ihn mit beiden Vorderbranten. Jener Gottlieb soll aber ein verwegener Mann gewesen sein, der mit dem „großen Waldbruder" (!) nicht so schnell habe fertig werden können. Ein anderer Jäger sah dem Kampf zu, wagte aber zunächst keinen Schuss, aus Angst, den Gottlieb zu verletzen. Diese Gefahr war real, weil bei den damaligen Flintenschlössern der Schuss erst mit Verzögerung und nicht im Augenblick des Abdrückens losging. Schließlich erwischte er doch einen günstigen Moment und schoss unter dem Arm des mit den Bären ringenden Kameraden durch, was diesem das Leben rettete und dem Bären seines kostete. Wahrscheinlich handelte es sich auch hier um einen Jungbären.

In der Zeitschrift „Der Schlern" wird 1924 von einem Vorfall berichtet, wonach ein Bär im Ultental, sich sonnend, mitten in einer Wiese lag. Ein kleines Mädchen, Kind eines Bauern, hielt den Bären für einen Hund, lief zu ihm hin und setzte sich daneben, ohne von dem Bären angegriffen worden zu sein. Man muss dieses Verhalten nicht gerade zur Nachahmung empfehlen und den Ausgang der Geschichte nicht unbedingt als „typisch" deklarieren, aber sie liegt im Bereich des Möglichen.

Dort, wo Menschen regelmäßig mit Bären konfrontiert werden, hält sich ihre Angst vor diesem in engen Grenzen. Dass er dennoch unerbittlich verfolgt wurde, hängt nur mit gelegentlichen Übergriffen auf das Vieh zusammen. Es gibt eigentlich nur drei kritische Situationen:

a) Der Mensch stört den Bären bei dessen Beute,

b) die kritische Distanz wird unterschritten und der Bär fühlt sich bedroht

c) oder eine Bärin sieht ihre Jungen bedroht.

Selbst die letztgenannte Situation muss nicht in einem Angriff des Bären enden. Auch in den letzten Jahren vor der Ausrottung des

Bären kommen außer in Sagen und Märchen auch im Brauchtum vor. Menschen verkleiden sich als Bären, ziehen durch die Gassen und treiben so den Winter aus. Diese Aufnahme aus dem Jahr 1925 zeigt ein Tiroler Bärenfest.

Bären kam es immer wieder zu solchen Begegnungen, ohne dass der Bär den Menschen angriff. In der Tageszeitung „Tiroler Stimme", Ausgabe vom 16. September 1864, wird sozusagen über eine Bärenbegegnung der besonderen Art berichtet. Demnach stopfte sich ein Rinder beaufsichtigender Hirte gerade, an eine Fichte gelehnt, sein Pfeifchen, als er hinter sich im Wald ein Geräusch hörte. Es war ein ausgewachsener Bär, der ohne erkennbare Aggression auf ihn zukam. Der Hirte wich dem Bären aus und sah, wie just von dem Baum, unter dem er eben noch stand, ein kleiner Jungbär herabstieg. Beide Bären zottelten davon, ohne den Hirten irgendwie zu belästigen.

Es wird halt so gewesen sein, dass der Jungbär vorher herumtollte und kurz den Anschluss an die weitergezogene Mutter verlor. Als der Hirte auftauchte, flüchtete er – typisch – auf den Baum. Die Bärin kam zurück, um den kleinen Ausreißer zu holen. Zufällig war der Hirte da, der aber keine Bedrohung darstellte. Der kleine Bär wurde, als die Mutter zurückkam, mutig und stieg herab.

Im Defereggental, so war ebenfalls in „Der Schlern" zu lesen, ging ein Bub in den Wald, um „Krummschnäbel" zu schießen und begegnete dabei einem Bären. Vor Schreck und Angst gab er ohne Überlegung einen Schuss auf diesen ab und lief, ohne nach dem beschossenen Bären weiter zu schauen, davon. Daheim berichtete er atemlos von seinem Erlebnis, worauf sich einige örtliche Jäger sofort zum „Tatort" aufmachten. Dort fanden sie tatsächlich einen völlig verunsichert umhertappenden Bären. Der Bub hatte ihm zufällig mit seinen Schroten beide Augenlichter ausgelöscht.

Neben der christlichen und bäuerlichen Legendenbildung beschäftigten sich auch Märchen mit dem Bären. Doch während sie den Wolf ziemlich unisono zur Bestie stempelten, malten die meisten den Bären verbal als gutmütig oder gelegentlich auch als leicht vertrottelt. In einem Märchen der Brüder Grimm, „Der Zaunkönig und der Bär", entschuldigt sich dieser sogar bei den im Nest sitzenden Jungen des Zaunkönigs, weil er sie zuvor beleidigt hatte. Den Ruf des Wolfes hingegen haben die Brüder Grimm wie viele vor und nach ihnen ziemlich ruiniert. Sie stellten den Wolf immer als böse, als gefährlich und verschlagen dar. Erinnert sei nur an „Rotkäppchen", wo der Wolf Rotkäppchens Oma frisst, sich mit deren Haube und Brille tarnt und in ihrem Bett auf Rotkäppchen lauert, ehe er auch dieses frisst. Im Märchen von den „Sieben Geißlein" frisst er Kreide, um seine Stimme zu verändern und dadurch Einlass in die Stube zu erhalten. In beiden Fällen handelt „der böse Wolf" ausgesprochen verschlagen und grausam.

Die Brüder Grimm stellten ja nie in Abrede, uns Märchen zu erzählen. Sie wollten uns nur unterhalten. Das wollte auch Jean-Jacques Annaud in seinem 1988 nach einem Drehbuch von Gérard Brach erschienenen Film „Der Bär". Nur sagte er kein Wort davon, dass es sich bei seinem Film ebenfalls um ein Märchen handelt. Daher nahmen wohl die meisten Kinobesucher das Flimmerwerk für bare Münze. Die Handlung war ebenso simpel wie absurd. Ein junger Braunbär verliert seine Mutter, als sie bei gemeinsamer Futtersuche von herabstürzenden Felsen getötet wird. Der kleine Bär wandert ziellos herum und trifft auf einen ausgewachsenen Bären, der von zwei Jägern an der linken Schulter angeschossen worden ist. Dieser ist dem Jungbären zunächst feindselig gesinnt, akzeptiert ihn aber schließlich doch, als dieser ihm eine Zeitlang folgt. Die zwei Jäger, die den alten Bären angeschossen haben, verfolgen ihn weiter, um ihn endgültig zu töten. Sie werden dabei von einigen Jagdhunden unterstützt. Schließlich finden sie den Bären, der ihnen jedoch neuerlich entkommt. Dafür gelingt es ihnen, den Jungbären einzufangen, ehe sie neuerlich die Verfolgung des Altbären aufnehmen. Als der Jäger Tom dem großen Bären gegenübersteht und um sein Leben fleht, verschont ihn der Bär. Doch kaum hat sich der Bär entfernt – der Mensch ist, wie der Wiener gerne sagt, eine „Sau" –, ergreift der Jäger sein Gewehr und will den Bären hinterrücks erschießen. Im letzten Moment widerlegt er die Meinung aus dem alten Wien und verzichtet darauf. Mehr noch, er hält auch seinen Jägerfreund Bill davon ab, dies zu tun. Nachdenklich geworden lassen sie auch den gefangenen Jungbären wieder frei. Dieser wandert erneut allein umher und wird dabei von einem Puma angegriffen, dem er unterlegen ist. Allerdings taucht im letzten Moment der ausgewachsene Bär auf und verjagt den Puma – Happy End.

Hunderttausende Kinobesucher waren tief gerührt, und der US-amerikanische Filmkritiker Roger Ebert pries den Film in der „Chicago Sun-Times" als realitätsnah und eindrucksvoll. Tatsächlich aber war er alles andere als realistisch. Realität war nur, dass er allein in den USA 30 Millionen US-Dollar einspielte.

## Der Mythos rund um den Wolf

Während die Brüder Grimm den Wolf offenbar auf ihrer Negativliste hatten, widmete Sergej Prokofjew diesem sogar ein musikalisches Märchen – „Peter und der Wolf". In ihm wird der Wolf allerdings nicht besonders schlau dargestellt, eher etwas dümmlich. Immerhin gelingt es dem Buben Peter, den Wolf mit einem Strick zu fangen und in den Zoo zu führen. Eine noch weit stärkere Rolle als in Märchen und Sagen spielte der Wolf in den Mythen der Völker. Am bekanntesten ist da immer noch jene Wölfin, die Romulus und Remus gesäugt haben soll. Die Sage ließe sich als Politthriller deklarieren und könnte in jedem Land der Welt angesiedelt werden.

Angefangen hat die Geschichte damit, dass in Alba Longa ein Nachkomme Aeneas' – Numitor – regierte. Sein Bruder, Politiker von altem Schrot und Korn, entriss ihm den Thron und zwang gleichzeitig seine Tochter Rea Silvia „den Schleier zu nehmen". Sie musste also Priesterin der Vesta werden, denn als solche durfte sie sich nicht vermählen. Damit wollte der Haderlump Amulius die Geburt eines rechtmäßigen Thronerben verhindern. Rea Silvia ließ sich aber – völlig gegen Amulius' Planung – mit dem Kriegsgott Mars ein und gebar ihm die Zwillinge Romulus und Remus. Amulius erfuhr von der Sache, ließ seine Nichte ins Gefängnis werfen und befahl, die beiden Knaben im Tiber auszusetzen. Der war jedoch gerade über die Ufer getreten, als die Diener ankamen. So schoben sie die Wanne, in der die Kinder ausgesetzt werden sollten, in das flache Uferwasser. Schließlich sank der Pegel, das Wasser floss ins alte Bett zurück und nahm die Wanne samt den Zwillingen mit. Deren Glück war, dass die Wanne an einem ins Wasser ragenden Feigenbaum hängen blieb und umkippte. Dabei fielen die beiden Knaben in den Schlamm. Weder frisch gewickelt noch gestillt kreischten sie und lockten mit ihrem Geschrei eine Wölfin herbei. Die entsprach jedoch überhaupt nicht dem Bild, das andere Sagen- und Märchenfabrikanten später von der Familie Lupus verbreiteten. Jedenfalls erwies sie sich etliche Nummern anständiger als die lokalen Politiker und nahm sich der Zwillinge an. Sie trug sie behutsam in ihre Höhle, leckte sie sauber und säugte sie. Damit hatten die Kleinen das Ärgste überstanden. Später interessierte sich auch noch ein Specht für die beiden und hütete sie, wenn die Wölfin abwesend war, und trug ihnen Speisen zu.

Die Beschaulichkeit fand ein Ende, als einer der königlichen Hirten die beiden Knaben fand. Was tun mit zwei fremden Knaben; das eigene Salär war knapp, das Leben teuer. Herbeigeeilte Kollegen meinten, man könne die Findlinge zu Faustulus, dem Schweinehirten des Königs, bringen. Dessen Alte habe Zeit und könne sich der Kleinen annehmen. So geschah es, und Romulus und Remus wuchsen unter den Hirten des Landes zu tüchtigen jungen Männern heran. Ihre bis dahin eher dürftige Karriere nahm einen rasanten Aufschwung, als sie, es wird in der Pubertät gewesen sein, mit den Hirten ihres entthronten Großvaters Numitor in Streit gerieten. Die Hirten zerrten die ihrer Meinung nach undankbaren Strolche zu

Der Gründungs-
mythos Roms als
Statue: Die kapi-
tolinische Wölfin
säugt Romulus
und Remus.

Numitor, der ihnen die Leviten lesen sollte. Den jedoch ließen die
Gesichtszüge der beiden nicht los. So recherchierte er und gelangte
schließlich zu der Überzeugung, dass es sich um seine beiden En-
kelsöhne handeln musste. Romulus und Remus, beide waren ohnehin ordentlich „angefressen", stürmten in den Palast von Alba Longa und machten mit Amulius kurzen Prozess. Sie erschlugen ihn
und setzten ihren Großvater wieder auf den Thron. Dieser gebar die
Idee, dort, wo sie dereinst am Tiber ausgesetzt worden waren, eine
Stadt zu errichten. Als es schließlich darum ging, der Stadt einen
Namen zu geben, verhielten sie sich wie echte Menschen – sie strit-
ten. Bei Wölfen hätte jetzt absolute Rudeldisziplin geherrscht, und
der Leitwolf hätte entschieden. Nicht so bei den beiden. Letztlich
konnte Romulus eine größere Zahl von Anhängern auftreiben als
sein Bruder Remus. Ob er dies mithilfe unlauterer Wahlversprechen
erreichte, ist nicht überliefert. Jedenfalls konnte er der Neugrün-
dung seinen Namen geben – Rom!
Bis dahin war also der Ruf des Wolfes gar nicht so schlecht. Das
änderte sich erst bei den Germanen. Sie statteten ihren Siegesgott
Odin nicht nur mit den zwei Raben Hugin und Munin aus; sie gaben ihm auch noch zwei Wölfe, Geri und Freki, zur Seite. Das
klingt recht „wolfsfreundlich", wäre da nicht noch der „Fernis-
wolf", der Feind aller Götter, der schließlich den guten Allvater
Wuodan (Wotan) bei Ragnarök tötete und verschlang.

Der germanische Sieges-
gott Odin mit den beiden
Wölfen Geri und Freki,
welche ihm bei der Jagd
zur Seite stehen.

Fortan standen Wölfe in Europa unter keinem guten Stern mehr. Bei den Germanen waren sie „untendurch", und von der Kirche wurden sie dämonisiert, obwohl sie sich dem Menschen gegenüber fast immer als echte „Hasenfüße" zeigten. Aber Wölfe und Hexen, das passte gut zusammen. Und wenn man schon unbequeme Menschen verbrannte, dann durfte der Wolf auf kein Pardon hoffen. Schließlich war auch noch der Werwolf geboren, der für alle menschlichen Abgründe stand und mancherorts heute noch steht. 1498 erschien überdies auch noch der „Hexenhammer", eine Anleitung zur Erkennung von Hexen und Werwölfen. So mussten während der abergläubischen Zeit des Mittelalters und der Inquisition unzählige Menschen einen grausamen Tod als vermeintliche Werwölfe sterben.

## Der Wolf im Krieg

Als „Menschenfresser" traten Wölfe im Gefolge aller Kriege in Erscheinung. Und von denen gab es in der Menschheitsgeschichte weit mehr als Friedenszeiten. Ob im Dreißigjährigen Krieg, ob bei Napoleons Feldzügen, ob beim Russlandfeldzug Hitlers, immer waren Wölfe die Begleiter. Wo sich die Menschen gegenseitig massakrierten, fiel für sie etwas ab – tote Menschen in Massen, die einfach auf den Schlachtfeldern liegen blieben oder nur notdürftig und flachgründig verscharrt wurden! Es mag pietätlos klingen und ist doch nichts anderes als eine sachliche, nüchterne Betrachtung: Der Wolf vollbrachte, wozu der Mensch nicht mehr fähig war; er entsorgte die Leichen, die zu allen Zeiten ohnehin von Rabenvögeln, Adlern, Füchsen und streunenden Hunden genutzt wurden, und sie dämmten damit die Verbreitung von Seuchen ein. Der Gedanke, dass ein gefallener Soldat, den seine eigene Truppe auf dem Rückzug einfach liegen ließ, von Wölfen gefressen wird, hat etwas zutiefst Erschreckendes an sich. Dies aber auch nur, weil wir gar nicht den Mut haben, den Gedanken wirklich zu Ende zu denken. Denn was wäre mit den Leichen ohne Zutun der Wölfe geschehen?

Kriege haben die Wölfe dort, wo es welche gab, bis in unsere Tage immer begünstigt. Dies nicht nur im eben skizzierten Sinne, sondern schon deshalb, weil Kriege eine geordnete Jagd auf Wölfe verhindern. Die Jäger und Förster sind zum Großteil an der Front, und im Kriegsgebiet wagen Zivilisten nicht die Jagd auszuüben. Wölfe finden in Kriegsgebieten aber auch überall krepiertes Vieh und allerlei Abfälle, von denen sie sich ernähren können. Ins Kriegsbild der Neuzeit will der Wolf freilich nicht mehr so recht passen. Schließlich ist alles geordnet, selbst die pietätvolle Bestattung der Gefallenen – zumindest theoretisch. Und so war es gerade eine den Krieg als Hauptgeschäft betreibende „Firma", die dem Wolf wieder zu Ehren verhalf und ihn gleichermaßen ungewollt wie wirkungsvoll dämonisierte, eben weil sie selbst zu einem Dämon der Menschheit geworden war – der Nationalsozialismus. Adolf Hitler nannte sein ostpreußisches Hauptquartier nicht ohne Grund „Wolfsschanze". Von den Nationalsozialisten wurde die germanische Mythologie hochgehalten wie von keiner anderen Bewegung. Da musste der Wolf eine große Rolle spielen, in der er Kraft, Mut und Macht zu verkörpern hatte. Doch mit dem Regime stürzte auch der Wolf. Wieder stand er für Bösartigkeit, Blutrausch und Entsetzen. Tatsächlich zeigt er aber – was seine Beziehung zum Menschen betrifft – eher Angst, ja Feigheit. Doch genau diese Eigenschaften halfen ihm durch all die Jahrhunderte des Hasses und der Verfolgung durch den Menschen zu überleben! Hätte er auch nur annähernd jene Eigenschaften, die ihm in Mythen, Märchen und politischer Ideologie nachgesagt werden, gäbe es ihn längst nicht mehr. Nicht der „Mut" hilft, mit und neben dem Menschen zu überlegen, sondern einzig die begründete Angst vor ihm!

Nicht nur politische Regime und Parteien haben sich mit dem Wolf assoziiert. Die ihm nachgesagten Eigenschaften waren schon früh Grund genug, seinen zum eigenen Namen zu machen. Wenn wir Europas Telefonbücher durchforsten, dann finden wir den Namen Wolf ungleich häufiger als Bär. In Österreich lauten derzeit 48.212 Anschlüsse auf den Namen Wolf, aber nur 1.351 auf den Namen Bär, und nur 21-mal finden wir einen Luchs. Nicht anders ist es in Deutschland, in Slowenien (volk) oder in Kroatien (vuk). Nur die Schweizer machen da eine Ausnahme. Sie nennen sich fast ebenso oft Bär wie Wolf. Ausgeglichener ist das Verhältnis auch in Italien. Der Name „Lup" (Wolf) ist insgesamt 3.134-mal im italienischen Telefonverzeichnis zu finden, „Urs" (Bär) 2.250-mal. Bei beiden Namen entfallen die meisten Einträge auf Sizilien und Apulien.

Der Bär kommt, wie wir schon gehört haben, auch in den Märchen meist viel besser weg; man lese nur in Schneeweißchen und Rosenrot. Tatsächlich aber ist sich der Bär – bei aller Gutmütigkeit – seiner Kraft und Überlegenheit durchaus bewusst und setzt eigene Ansprüche viel eher durch als der Wolf. Er lässt sich von seiner Beute problemlos vertreiben. Dazu ist der Bär nicht immer bereit; er macht zuweilen Anstalten, diese zu verteidigen. So suchen die Wölfe der Abruzzen zwar regelmäßig auf Müllkippen und selbst in den Dörfern nach Nahrung, aber sobald ein Mensch auftaucht, fliehen sie. Anders verhalten sich Bären, die in rumänischen Städten die Mülltonnen nach Fressbarem durchsuchen. Sie sind zwar absolut gutmütig und auf friedliche Koexistenz bedacht, sie beharren aber auf ihrem „Recht" und lassen sich von einem Menschen nicht so schnell vertreiben. Wölfe tun dies nicht.

## Wer hat schon Angst vor dem Wolf?

Auch die Schreiber von Romanen und Reiseerzählungen hatten sich auf den Wolf als Bösewicht eingeschossen. Unzählbar sind die Berichte, in denen hungrige Wolfsrudel Schlittengespanne überfallen. Dabei lassen sie sich auch nicht von den im Schlitten mitfahrenden und mit Flinten und Büchsen auf sie schießenden Menschen abhalten. Wenn die letzte Patrone verschossen ist, werden Pferd und Mensch regelmäßig niedergerissen und gefressen. Aus solchen Schauerberichten entstand das Bild, das wir immer noch mit uns herumtragen.

Der 1871 in München geborene und am 31. März 1914 in Meran verstorbene Dichter und Schriftsteller Christian Morgenstern schilderte sogar in einem Gedicht die von Wölfen für den Menschen ausgehende Gefahr. Wir dürfen ziemlich sicher sein, dass er in seinem kurzen Leben nie frei lebenden Wölfen begegnet ist. Morgenstern verarbeitete nur jenen Unfug, der von Generation zu Generation weitererzählt wurde.

### Nächtliche Schlittenfahrt

Die Uhr schlägt zwölfe.
Im Walde stehn zwei Wölfe.

Zwei Wölfe stehn im Wald.
Eine Schlittenpeitsche knallt.

Ein Schlitten kommt gefahren.
Die zwei Wölfe sträuben die Haare.

Fahr zu, Fuhrmann, fahr zu!
Sonst werden dir die Wölfe was tun!

Der Fuhrmann lässt die Zügel.
Das Pferd rast über den Hügel.

Den Hügel hinauf, den Hügel hinunter -
Dahinter die Wölfe mit roten Zungen –

Jetzt fährt er über den See:
Das Eis liegt tief im Schnee.

Das Eis kracht unter den Kufen.
Jetzt sind sie am andern Ufer.

Natürlich hätten zwei Wölfe niemals gewagt, einen Schlitten anzugreifen oder ihm auch nur zu folgen. Aber wer solche Schauergeschichten erzählen konnte, bei denen er als Held überlebt hatte, erhöhte sich selbst.

Das Internetlexikon „Wikipedia" verweist darauf, dass in den vergangenen 30 Jahren in Nordamerika, wo es gebietsweise noch verhältnismäßig viele Wölfe gibt, nur 39 Fälle bekannt wurden, in denen sich Wölfe aggressiv zeigten. In zwölf Fällen hatten sich die
Tiere mit dem Tollwutvirus infiziert. In sechs Fällen waren den
Menschen begleitende Hunde Auslöser für die Attacken, und in 16
Fällen war es einfach bodenloser Leichtsinn der betroffenen Personen. In keinem einzigen Fall waren die Bissverletzungen bedrohlich; zu Todesfällen kam es nie. In drei Jahrzehnten wurden also im
großen Nordamerika nicht mehr Menschen von Wölfen verletzt, als
im kleinen Deutschland wahrscheinlich an einem einzigen Tag von
Hunden gebissen werden!

Wie sehr sich der Wolf vor dem Menschen fürchtet und wie absolut
misstrauisch er gegen alles ist, was mit dem Menschen in Verbindung stehen könnte, zeigt eine Episode des Kärntner Forschers und
Tierfilmers Hans-Peter Sorger: *„1973 erlebte ich bei Dreharbeiten
über in den italienischen Abruzzen lebende Wölfe eine unglaubliche
Geschichte: Sechs Wochen lagen wir in einem Gebiet, in dem damals etwa 50 Wölfe, aufgeteilt in mehrere Rudel, lebten, geduldig
in einem professionell angelegten Einstand auf der Lauer. Ein fri-
scher Schafskadaver diente als Lockmittel. Erst am 43.Tag erschien
ein erbärmlich abgemagerter Wolf, umschlich mit eingezogener
Rute das bereits 7. Opferschaf und beschnüffelte es mit lang gezo-
genem Hals, ohne es mit der Schnauze zu berühren. Schon nach
einer Minute verschwand das ausgehungerte Tier, misstrauisch
zurückblickend, wieder im schützenden Wald. Die Erfahrung mit
Gift und den todbringenden Waffen der Menschen zeigte er höchst
eindrucksvoll mit diesem Verhalten."*

Alle drei Großraubwildarten, um dieses etwas anrüchige Wort zu benutzen, sind in zahllosen Orts- und Flurnamen in allen europäischen Ländern verewigt. Es sind immer Hinweise, dass die im Namen genannte Art dort in überschaubarer Vergangenheit einmal vorkam. Die „Deutsche Post AG" listet in ihrem Internetverzeichnis 99 Ortsnamen mit Postleitzahlen auf, die mit „Bär" beginnen und 100, die mit „Wolf" beginnen. Die Zahl entsprechender Flurnamen ist jedoch um das Vielfache höher. Nicht anders ist es in Österreich. Dabei gehen natürlich auch viele Namen auf Bär und Wolf zurück, in denen diese nicht mehr orthografisch rein vorhanden sind. Schlägt man die Landkarte von Slowenien oder irgendeinem anderen Land des ehemaligen Jugoslawien auf, dann findet man unendlich viele Namen, in denen „Medved" steckt, was nichts anderes heißt als Bär. Hinweise auf den Wolf sind deutlich seltener.

Dass der Bär zumindest im deutschen Sprachraum einen weit besseren Ruf genoss als der Wolf und dass selbst früher in weiten Bevölkerungsteilen durchaus eine gewisse Sympathie für ihn vorhanden war, zeigen auch die unzähligen Gasthäuser und Hotels, die ihn zum Namenspatron wählten. Dass der Adler noch größere Gunst erfuhr, steht nicht in Widerspruch zu dem, was an anderer Stelle noch über Legendenbildung beim Steinadler gesagt wird. Der Adler genoss in der Vergangenheit sozusagen eine Art „Kanzlerbonus". Immerhin residierte er in einer ganzen Reihe europäischer Staatswappen. Da passte und passt er ja auch durchaus hin. Immerhin assoziierte man mit ihm Kraft und Rücksichtslosigkeit. In die Staatswappen hinein hat es der Bär nie geschafft. Dafür galt er als zu gutmütig. Sucht man im Internet über die Suchmaschine „Google" nach „Gasthaus Bär", erhält man 1.740.000 Treffer. Gibt man jedoch „Gasthaus Adler" ein, melden sich 2.680.000 Suchergebnisse! Allerdings sind in diesen Zahlen nicht nur die Gasthäuser und Hotels mit den beiden Namen enthalten, sondern auch alle Eigentümer von Gasthäusern oder Hotels, die selbst so heißen.

## Der blutrünstige Luchs

Auch auf den Luchs gibt es in allen europäischen Ländern Hinweise, aber deutlich weniger. Der „kleine Germanentiger" war eben ein Tier, das früher viel weniger in Erscheinung und somit ins Bewusstsein der Menschen trat als Bär und Wolf. Über den Luchs wurde bei Weitem nicht so viel fabuliert und erzählt wie über Bär oder Wolf. Der Bär ist eben eine imposante, nicht zu übersehende Erscheinung. Der Wolf ist zwar viel kleiner als der Bär, aber er tritt, zumindest in der Volksmeinung, immer im Rudel auf. Beim Luchs handelt es sich hingegen um ein vergleichsweise kleines Tier, gerade einmal einem mittelgroßen Hund ebenbürtig. Während sich Bär und Wolf durchaus in menschliche Siedlungen wagen, ist dem Luchs schon das offene Feld unangenehm. Er ist ein Einzelgänger des Waldes. Vielleicht hätte ihn die Volksmeinung ganz vergessen, würde er nicht hin und wieder mit ein paar toten Schafen oder Rehen auf sich aufmerksam machen.

In der Mythologie ist er kaum zu finden. Was an ihn erinnert, sind neben Flurnamen einige landläufige Formulierungen, etwa „aufpassen wie ein Luchs", was an die große Vorsicht dieser Waldkatze erinnert. Auch an hervorragendes Sehvermögen wird gelegentlich mit einem geflügelten Wort erinnert: „Augen wie ein Luchs".

Gleichwohl wurde er in Jägerkreisen immer als blutrünstige Bestie verkauft, die nicht selten auf einem Baum lauernd auch den Jäger anspringt. Selbst die Wissenschaft machte dem Luchs lange das Leben schwer, indem sie behauptete, der Luchs würde grundsätzlich nur frisches Fleisch fressen. Das ist natürlich Unsinn. Der Luchs nutzt ein Beutetier so lange es möglich ist. Aus diesem Grunde verscharrt er seine Beute auch gern, damit sich keine vierbeinigen oder gefiederten Mitesser einstellen. Selbstverständlich nutzt er auch jene Wildtiere, die eines anderen Todes gestorben sind. Und von denen gibt es bei uns jede Menge. Gerade beim Rehwild, seiner Hauptbeute, stirbt ein erheblicher Teil der Tiere im ersten und zweiten Lebensjahr eines natürlichen Todes. Damit sinkt sein Bedarf an „Frischfleisch" drastisch.

In der Jagdliteratur wird der Luchs bis heute als blutrünstiges Tier bezeichnet, das vor allem die Rehwildbestände zum Erlöschen bringt. Daran hat alle wildbiologische Forschungsarbeit nicht viel

Blutrünstig, räuberisch und seinen Opfern auf Bäumen auflauernd, so wird der Luchs oft beschrieben. So stellt ihn auch diese Illustration aus dem 1854 erschienenen Buch „Das Thierleben der Alpenwelt" dar.

geändert. Umso bemerkenswerter ist ein Hinweis Franz von Kobells in seinem 1859 erschienenen „Wildanger". Kobell hatte Zugang zu allen Archiven des damaligen Bayern. So lagen ihm auch die Bücher des Klosters Tegernsee vor, ausgenommen jene des 17. Jahrhunderts. Kobell bemerkte, dass einerseits die Zahl der von den Klosterjägern erlegten Rehe ständig stieg, gleichzeitig aber auch jene der erlegten Luchse. Er drückte seine Verwunderung darüber aus, dass der Rehwildbestand unter der „Luchsherrschaft" zu stark abgenommen habe. Damals unterstellte man grundsätzlich, dass Beutetiere die Zahl ihrer Räuber regulieren und nicht umgekehrt, wie es heute dem allgemeinen Wissensstand entspricht!
Eines ist der Luchs freilich nicht – feige. Gelegentlich stellt er sich sogar einem Hund, während der Wolf auch vor einem kleineren

Hund Reißaus nimmt. Das ist Katzenart, man denke nur an unsere Hauskatzen. Auch unter ihnen sind viele, die sich selbst großen Hunden stellen und sich wirkungsvoll verteidigen. Der Luchs greift aber nicht von sich aus an, und er lauert auch nicht auf Bäumen seiner Beute auf. Er ist Pirschjäger, der sich vor allem auf seine Augen und Ohren verlässt, während sein Geruchssinn – wie bei den meisten Katzen – recht bescheiden entwickelt ist.

Jedenfalls haben Märchenerzähler wie Politiker den Luchs weitgehend vergessen. Sie hoben ihn weder auf den Schild noch liehen sie seinen Namen aus. Und in den Mythen der Völker war ihm, wenn überhaupt, nie mehr als eine kleine Statistenrolle zugedacht.

# Die Geschichte ihrer Ausrottung

Die Ausrottung von Bär und Wolf war keine Sache, die von heute auf morgen erledigt werden konnte. Sie hat nicht nur Jahrhunderte, sondern Jahrtausende in Anspruch genommen und begann höchst wahrscheinlich mit der Sesshaftwerdung der Menschen. Als diese begannen, Ackerbau zu betreiben und Vieh zu halten, wurden Bär und Wolf zur existenziellen Bedrohung. Wer auch hätte den Bären abhalten können, Feldfrüchte zu ernten, oder die Wölfe, Vieh zu reißen. Nicht vergessen dürfen wir, dass beispielsweise die Rinder vor nicht einmal einem Jahrhundert noch um rund ein Drittel leichter waren als die heutigen Rinder. Damit kamen sie aber auch viel eher als Beute des Großraubwildes in Betracht. Sicher werden sich die Menschen mit den ihnen damals zur Verfügung stehenden Waffen gewehrt haben. Aber wenn wir daran denken, wie wenig wir heute mit unseren modernen Feuerwaffen gegen Reh, Fuchs oder Bisam ausrichten, lässt sich erahnen, wie uneffizient die Bärenjagd anfangs gewesen sein muss. Wahrscheinlich kamen auf jeden unter einem Wildobstbaum mit Speeren erlegten Bären etliche tote Jäger. Selbst nach Erfindung der Feuerwaffen war die Jagd mit einem hohen Risiko behaftet und nicht immer erfolgreich. Bis weit ins 19. Jahrhundert hinein schoss man mit Vorderladern. Das Laden eines solchen Gewehres war höchst umständlich und zeitraubend und seine Reichweite überdies beschränkt. Wer mit dem ersten Schuss nicht sofort tödlich traf, konnte selbst auf der Strecke bleiben. Viel effizienter und für die Betreiber ungefährlich waren da Fallgruben, in die Bär und Wolf hineintappten. Oft waren diese so angelegt, dass das Wild sich in der Grube selbst aufspießte. Aber auch mit Schlingen und mit Fangeisen wurde dem Raubwild zu Leibe gerückt.

Gebietsweise war es den Bauern lange Zeit untersagt, Bären zu erlegen. Nach dem ältesten, für Tirol allgemein gültigen Jagdmandat aus dem Jahre 1414 wurde die unrechtmäßige Erlegung eines Bären mit zehn Mark bestraft, weil die Jagd auf den Bären nur dem Landesfürsten und dem Adel erlaubt war. Bis ins späte Mittelalter waren an den Fürstenhöfen auch sogenannte „Kampfjagden" mit Bären üblich. Dabei wurden Bären (aber auch Löwen und Tiger) zusammen mit Stieren, Wildschweinen, Eseln oder Hunden zur Ergötzung des adeligen Publikums in eine Arena getrieben. Eine solche, „noch im Jahre 1740 im Jägerhof zu Dresden abgehaltene Jagd" schildert Kobell in seinem „Wildanger": „*... der Löwe und einer von den Bären ergriffen alsbald zwei wilde Schweine und nachdem sie dieselben getödtet, fraßen sie ein Jeder das Seinige halb auf. Der Auerochse gab der Mauleselin mit den Hörnern einen Stoß, womit er ihr den Leib aufschlitzte, einer von den Bären attakirte den Wolf, er warf ihn einige Mal in die Luft, worauf dieser davonlief und zu den Schweinen seine Zuflucht nahm ec.*". Kobell berichtet auch, dass man, wenn Bären mit Hunden gehetzt wurden, zur Unterhaltung der Jagdgesellschaft oft ein großes mit Wasser gefülltes Schaff (Bottich) auf den Kampfplatz stellte. „*In dieses stieg dann der verfolgte Bär und theilte drinn sitzend seine furchtbaren Ohrfeigen aus.*"

Derartige Jagden wurden keineswegs nur in deutschen Ländern abgehalten, sondern fast überall in Europa, so auch im Hetzgarten des Palazzo Pitti in Florenz. In Bayern fand eine derartige Bärenhatz noch 1796 in Regensburg statt, in Paris fand man selbst in der ersten Hälfte des 19. Jahrhunderts noch Gefallen daran. Bei Wölfen war man großzügiger. Jedoch wurden mit zunehmender Besiedlung fast überall Prämien für seine sowie für die Vernichtung des Bären bezahlt. Im Protokollbuch der Gemeinde Kaltern (Südtirol) findet sich unter dem 14. Juli 1670 eingetragen, „*...dass, so oft einer einen Bären oder Wolf schießt oder sonst ermordet und deretwegen die Zeichen bringt, er für einen Bären 5, für einen Wolf 3 Gulden erhalten soll*".

In der Urzeit war Europa noch weitgehend bewaldet, ein Umstand, der die Jagd nicht unbedingt erleichterte. So war der Kampf gegen das „Großraubwild" eine Sache, die auf Dauer angelegt war. Aber das Bestreben Bär & Co dauerhaft loszuwerden, war sicher von Anfang an gegeben. Eng wurde es für die „Großen" erst mit dem Zurückdrängen des Waldes und vor allem mit der Erfindung der Feuerwaffen. Je höher und je ursprünglicher der verbliebene Waldanteil war, umso länger konnte sich der Bär halten. So wurde im vergleichsweise waldarmen Allgäu schon 1770 der letzte Bär er-

Kupferstich einer Bärenjagd von Jan van der Straet (1523–1605).

legt, im viel waldreicheren Oberbayern aber erst 1835. In der Nordschweiz konnte er sich bis 1850 halten und im Südtiroler Pustertal sogar bis 1873. Im äußerst dünn besiedelten Engadin fiel der allerletzte Schweizer Bär gar erst 1904, und in den französischen Alpen starb der letzte sogar erst 1937. Mit dem durch die Fußballweltmeisterschaft 2006 wiedergewonnenen Selbstbewusstsein könnten die Bayern natürlich darauf beharren, dass bei ihnen der letzte Bär erst im Sommer 2006 geschossen wurde …

Aus heutiger Sicht ist die weitgehend im 19. Jahrhundert vollzogene Ausrottung natürlich nicht zu verstehen. Anders, wenn man sich in die damalige Zeit versetzt. Die bäuerlichen Betriebe waren, verglichen mit heute, mehrheitlich winzig klein. Viele Bauern hatten nur zwei, drei Hektar Land, manche sogar weniger. Wer eine Kuh, ein Ross und etliche Schweine sein Eigen nannte, genoss bereits bescheidenen „Wohlstand". Was aber, wenn der Bär ihm diese eine Kuh holte oder wenn er ihm die Bienenstöcke plünderte? Dann war der Weg in die Armut oft kurz. Selbst wenn solche Schicksalsschläge eher selten eintraten, war ihre Möglichkeit doch eine erheblice Last für die Bauern. Schließlich bekam seinerzeit kaum jemand die durch Raubwild verursachten Schäden ersetzt. Relativ großzügig war man hingegen mit Prämien für die Vernichtung der Raubtiere.

Schäden verursachten aber nicht nur die Bären selbst, sondern oft auch die Bärenfallen. So ist in der Südtiroler Kulturzeitschrift „Der Schlern" nachzulesen, was sich zu Beginn des 19. Jahrhunderts in Kaltern zugetragen hat. 1799 hatte nämlich Johann Mayr von Mitterdorf als Besitzer des ehemals Morandellischen Hofs zu Kreit vom Gericht in Kaltern die Erlaubnis erhalten, geladene Schießgewehre zu legen, um auf diese Weise der Bärenplage Herr zu werden. Der Landrichter verlangte jedoch, dass beim Laden und Entspannen des Schießgewehres Johann Mayr *„Alle erforderliche Behutsamkeit beobachte und daß von dieser Vorkehrung sowohl von der Kirchenkanzel als auch auf dem Platze die Kundmachung erfolge"*. Doch die Kunde ereilte nicht alle, weshalb ein Unglück geschah, welches hier im Original wiedergegeben werden soll:

Es ist in Kaltern eine ganz traurige Geschichte vorgefallen, die sowohl für das vergangene als für die Zukunft für das hiesige Spital oder Armen-Institut so äußerst kostspielig ausfällt, daß der Markt-Magistrat diese der hohen Landesstelle zu Erhaltung der nötigen Verfügungen anzuzeigen sich verpflichtet glaubt. Johann Mayr, ein hiesiger Bürger, hatte voriges Jahr am 14. Oktober die Ursula Lindnerin, des Josef Haßl Ehewirtin, ungefähr etlich 30 Jahr alt, auf den darauf folgenden Tag zur Feldarbeit in seinen Gütern nach Kreit gedingt. Sie ging sohin am 15. Oktober früh in Gesellschaft der Anna Ambachin zu den Gütern des Johann Mayr nach Kreit, wo sie mit gedachter Anna Ambachin am ersten einen Blentenacker abgeschnitten. (…) Nachdem nun der erste Acker vollendet war, so ist das Weib des Valentin Mayr nach Haus gegangen; die Ambacherin und die Haßlin haben aber in dem zweiten Acker weiters fort Fisolen ausgezogen, das nun die Ursula Haßlin, welche voraus arbeitete, auf der Mitte des zweiten Ackers gekommen, so hörte sie auf einmal einen starken Schuß, wo sie zugleich in dem nämlichen Augenblick auf den Boden hingefallen. Gleich darauf

In Südtirol erinnert der Ortsname „Wolfsgruben" am Ritten noch heute an die seinerzeitige Jagdmethode. Zu derartigen Gruben wurde der Wolf hingetrieben oder ein „Lockvogel" zog ihn an, wie diese Illustration aus dem 16. Jahrhundert zeigt.

kam also ein fremder welscher Mann dazu, welcher, nachdem er selbe schreien hörte, in den Acker zu ihr hinein gegangen; dieser welsche Mann sah also in diesem Acker herum und nachdem er einen ausgezogenen Draht wahrgenommen, so sagte dieser zu ihr: „Mein gutes Weib, ihr seid in eine gelegte Büchse gekommen." (…) Der fremde welsche Mann also und ein noch anderes von ungefähr herbeigekommenes welsches Weib haben hierauf die Verwundete von dem Acker zu dem Haus des Johannes getragen, worauf selbe das Weib des Valentin Mayr mit den Ochsen in einer Penn nach Kaltern geführt hat.

Und da weder die Ursula Häßlin noch ihr Mann Joseph Haßl gegenwärtig ein Vermögen besitzen, so mußte selbe natürlicher Weise einstweilen in das hiesige Spital zur Heilung angenommen werden. Die Kur ist nunmehr geendet und die Häßlin von ihren Wunden geheilt, jedoch so krüppelhaft, dass sie nur mit den Krücken gehen kann, indessen auf Zeit ihres Lebens zur Arbeit unfähig ist. Es sind nun an Kurspesen und übrigen Verpflegung ungefähr bei 300 Gulden aufgegangen.

Es tritt nun die harte Frage ein, wer die Kurspesen bezahlt und wer die Ursula Haßlin auf ihre künftige Lebenszeit, die vielleicht länger dauern darf, indem selbe erst etliche 30 Jahre alt ist, versorgt werde. Denn dem Spital oder dem Armen-Institut diese ganze Last aufzubürden, wäre eine unbillige Sache. (…) Dahero wird die hohe Landesstelle gebeten, dem Markt-Magistrat als Gemeindevorstehung die nötigen Maßregeln und Befehle zu erteilen, was in dieser Sache zu tun sei und wie man sich diesfalls zu benehmen habe. Kaltern, den 10. Juni 1800.

Ursula Haßlin blieb über Jahre ein Pflegefall. Die Kosten wurden nach langen Verhandlungen und aktenkundigen Diskussionen von der öffentlichen Hand übernommen. Die Gerichtsbehörde sah sich ihrerseits genötigt, die Konzessionen zum Büchsenlegen zurückzuziehen, um weitere Unglücksfälle zu vermeiden. Einzig in der Erhöhung der Abschussprämien sah die Gemeinde eine Möglichkeit, die Vermehrung des Bären als Standwild einzudämmen. Allein im Jahr 1813 wurden innerhalb von einem halben Jahr im Gemeindegebiet von Kaltern gleich drei Bären erlegt. Die Schützen erhielten 25 Lire, was damals dem Monatsgehalt eines Lehrers entsprach.

Man ist geneigt anzunehmen, dass die Entschädigung heute allgemein geregelt ist, doch das täuscht. In Österreich haben nur die Jägerschaften der Bundesländer Kärnten, Nieder- und Oberösterreich sowie Steiermark Haftpflichtversicherungen abgeschlossen, von denen Bärenschäden übernommen werden. In Deutschland gibt es bis jetzt nur vereinzelt freiwillige Entschädigungen, teils durch den Naturschutz, teils durch Landesregierungen. Als Bruno „gutgläubig" Bayern besuchte, hatte sich allerdings ein britischer Versicherer bereit erklärt, künftig für Bärenschäden aufzukommen, ebenso ein Süßwarenhersteller.
Wirklich brauchbare Aufzeichnungen über Schadensverlauf und erlegtes Raubwild sind aus früheren Jahrhunderten nicht vorhanden. Flächendeckende Statistiken gab es ohnehin nicht, und viele überlieferte Angaben mögen auch von der Emotion diktiert sein. Es ist aber anzunehmen, dass mit der fortschreitenden Rodung der Urwälder und der Umwandlung von Ur- in Weidewälder, aber auch mit Erfindung der Feuerwaffen das Schalenwild weniger wurde. Ende des 18. Jahrhunderts waren Rot- und Schwarzwild aus weiten Teilen des deutschen Sprachraumes bereits verschwunden. Kaiserin Maria Theresia hatte, um die unter Wildschäden leidende Landbe-

Diese Art der Bärenfalle war bis Anfang des 20. Jahrhunderts die gebräuchlichste.

völkerung zu beruhigen, verordnet, dass „Hochwild" nur noch in „Thiergärten" gehegt werden dürfe. In freier Wildbahn war es restlos abzuschießen. Dies wirkte sich vor allem auf die Fleischfresser Wolf und Luchs negativ aus. Der Mangel an Schalenwild als Beute der großen Fleischfresser zwang diese zu vermehrten Übergriffen auf Haustiere, welche damals großteils in den Wald getrieben wurden. Sie waren eine denkbar leichte Beute, was den Willen zu ihrer Ausrottung steigerte.

Heute sind die Verhältnisse völlig anders. Die Bestände an Hirschen, Rehen, Wildschweinen oder Gämsen sind weit höher als in früheren Jahrhunderten. Das wird zwar von Jägern immer wieder bestritten. Tatsache ist aber, dass die Abschusszahlen europaweit seit mehr als einem Jahrhundert ansteigen. Das ist nur möglich, weil insgesamt weniger Tiere erlegt als geboren werden. Bär, Wolf und Luchs hätten es heute ungleich leichter als in früheren Zeiten.

# Bei Abschuss winkte Ruhm und Taschengeld ...

Die Heimbringung des am 24. Oktober 1835 bei Ruhpolding erlegten letzten deutschen Bären. Farblithografie von Friedrich Hohe, 1840.

Natürlich handelten die Jäger nicht nur im Interesse und Auftrag der Bauern und ihrer Dienstherren. Sie hatten auch selbst Interesse an einer radikalen Verfolgung des Raubwildes. Einmal sahen sie in diesem einen Beutekonkurrenten, den es auszuschalten galt. Dieses etwas schräge Verständnis von Jagd und Natur hat sich in einem kleinen Teil der Jäger bis heute gehalten, selbst wenn es um so kleine Arten wie etwa das Hermelin geht. Intensive Raubwildverfolgung war für die Jäger der Grundherren aber auch unerlässlich, weil sie nur so halbwegs überleben konnten. Ihre Grundbezahlung war meist mehr als miserabel. Dafür waren die Schuss- und Fang-gelder, die sie für erlegtes oder gefangenes Raubwild erhielten, eher großzügig bemessen. Das uns heute geläufige ökologische Verständnis war erstens noch nicht „erfunden", und zweitens konnten es sich die meisten Jäger, wenn sie selbst eine Familie zu unterhalten hatten, auch gar nicht leisten. Wer im 18. oder 19. Jahrhundert einen Wolf, Luchs, Bären oder auch einen Adler schoss, der durfte mit mehr als nur der sozusagen tarifgemäßen Vergütung durch den Dienstherrn rechnen. Auch die Landbevölkerung zeigte sich erkenntlich. Daher zogen die herrschaftlichen Jäger, wenn sie einen Bären, Wolf, Luchs oder auch nur eine Wildkatze erlegt hatten, mit dem Kadaver oft so lange von Dorf zu Dorf und von Haus zu Haus, bis er sich in seine Bestandteile aufzulösen drohte. Die Landbevölkerung, wieder einmal von einem ihrer vermeintlichen Feinde befreit, zeigte sich spendabel. Der „Befreier" kassierte gleichermaßen in bar wie in Naturalien. Speck, Brot, Eier, Salz, Wein oder Gulden wechselten den Besitzer.

Das funktionierte natürlich nur, solange dem ländlichen Volk die Angst in den Knochen saß. Die Angst musste daher ständig „gepflegt" werden. So entstanden Schauergeschichten und Gräuelmärchen, die sich europaweit und über Sprachgrenzen hinweg verbreiteten. Überall wurden Geschichten erzählt vom Wolf, der Kinder auf dem Weg zur Feldarbeit fraß, und vom Adler, der das Baby aus der Wiege raubte. Natürlich wurde auch die „Gefräßigkeit" der Raubtiere gewaltig aufgebauscht, was durchaus auch steuerliche Vorteile haben konnte. Schließlich war der auf einem Lehen sitzende Bauer seinem Dienstherrn zinspflichtig. Da war es nahe liegend, einen Teil des Ertrages rechtzeitig verschwinden zu lassen. Zwar konnte der Vogt sagen, wie viele Schafe dieser oder jener Bauer aufgetrieben hatte, aber da gab es ja auch noch den von Raubtieren verursachten Schwund …

Als der Jäger Anton Huber 1831 im heute zum österreichischen Bundesland Vorarlberg gehörenden Kleinen Walsertal einen der letzten Luchse des Allgäus schoss, kassierte er nicht nur 30 Gulden Schussgeld vom Amt Bezau, sondern auch noch 20 Gulden von der Gemeinde Mittelberg und drei Gulden vom benachbarten Oberstdorf. Das Fell brachte ihm weitere vier Gulden ein, was in Summe eine Menge Geld war! Doch nicht genug. Damaligem Brauch ent-

Prämienbezugsschein des Bärenjägers Josef Janka. Laut kantonalem Jagdgesetz standen dem Jäger 100 Franken zu.

sprechend, ging Huber mit dem toten Tier „hausieren" und kassierte die freiwilligen Spenden in den angrenzenden Dörfern und Weilern ab. Klar, die Bevölkerung war heilfroh, endlich wieder sorglos ins Holz und auf die Felder zu können, ohne Gefahr zu laufen, von einem Luchs gefressen zu werden … Welchen Grund hätte die Jägerei haben sollen, die Bevölkerung über die relative Harmlosigkeit des Luchses aufzuklären? Mehr noch: Sie war ja selbst nicht aufgeklärt, und manche mochten sogar geglaubt haben, was sie „verzapften".

Die Gefahr lebte, wenn auch nur in der Fantasie der Menschen. Alles, was uns aus jener Zeit der Ausrottung der „Großen" überliefert ist, müssen wir mit gebotener Skepsis zur Kenntnis nehmen, auch dann, wenn wir es in wissenschaftlichen Werken finden. So

Viele Jäger sind des Bären Tod: Jägergruppe mit dem 1893 von Gaspare Ciocco im Misox erlegten Bären.

schrieb beispielsweise Max Förderreuther, der bedeutendste Chronist der Allgäuer Alpen, noch 1908, am 30. August 1886 habe ein Steinadler auf der Alpe Melköde unterm Hohen Ifen ein dreijähriges Mädchen geraubt und weit hinauf zu seinem Horst getragen. Wahr daran ist wohl nur, dass jenes Kind mit seinen Eltern beim Beerenpflücken war und verschwand. Weil man es nie mehr fand (dort oben gibt es jede Menge Karstlöcher), wurde der Adler zum Mörder erklärt, womit man den Fall abschließen konnte. Viele Jahrzehnte erinnerte bei der Melköde ein Kreuz an das angeblich grausige Geschehen. Genau dieselbe Geschichte wird – unter Nennung anderer Örtlichkeiten – in der Schweiz, in Österreich und Slowenien erzählt! Natürlich kann ein Steinadler, der selbst so zwischen 3,5 und sechs Kilo wiegt, nur Beute wegtragen, die wesentlich leichter ist als er selbst. Wirklich starke Altadler können einen Fuchs oder ein schwaches Gamskitz zwar im Gleitflug abwärts befördern, aber niemals hinauf. Nun wiegt ein dreijähriges Kind sicher schon um die zwölf Kilo! Selbst bei einem sechs Monate alten Säugling müsste der König der Lüfte schon passen.

Padrout Fried und Jon Sarott Bischoff mit dem am 1. September 1904 am Piz Pisoc im Val S-charl erlegten letzten Bären in Graubünden.

Auch wenn in diesem Buch immer wieder betont wird, dass für den Menschen vom Wolf kaum Gefahr droht und die meisten Überlieferungen hinsichtlich Wolfsangriffe auf Menschen keiner Überprüfung standhalten, so hat es doch welche gegeben. Doch dabei hat es sich wohl immer um an Tollwut erkrankte Wölfe gehandelt. Sie sind aber nicht gefährlicher als Hunde im selben Zustand. Andererseits war und ist die Jagd auf den Wolf ziemlich risikolos. Die kurpfälzische Prinzessin Elisabeth Charlotte erwähnt als Herzogin von Orléans in mehreren Briefen die in Frankreich mitgemachten Wolfsjagden. Im Brief vom 3. April 1699 schreibt sie: *„Ein wolff ist viel weniger alß ein hirsch zu fürchten, den wen sie gejagt attaquiren sie die menschen Nie."* (Übersetzung: Ein Wolf ist viel weniger als ein Hirsch zu fürchten, denn wenn sie gejagt werden, attackieren sie den Menschen nie.)

Wie wenig man auf Überlieferungen geben darf, zeigt ein anderer Brief der Herzogin. Am 9. Februar schreibt sie in völligem Gegensatz: *„Die wolff hausen auch abscheulich hir, den courier von allancon haben sie Sambt seinem pferdt gefressen undt vor der statt du mon haben 2 wolff Einen Kauffmann attaquirt Einer sprang Ihm auff die Brust und fing schon an sein justau corps zu zerreißen Er schrie zwei dragoner so Vor der statt spatzirten Kammen dem Kaufmann zu hülff Einer zog den Degen und stieß den wolff damitt durch und durch der wolff lest den Kaufmann undt springt den dragoner ahm halß der Cammeraht Konnte nicht geschwindt genug dazu Komen Er bracht den wolff zwar umb allein dass graußame*

Auftritte brachten Taschengeld: Die drei letzten Bärenjäger des Engadins mit den von ihnen erlegten Tieren am Schulser Sängerfest 1930. Hinten stehend wiederum Padrout Fried.

*thier hatt den dragoner schon Erwürgt, der zweyte wolff kam von hinden wurff den dragoner zu boden undt biß Im die gurgel ab Ehe Man Ihm auß der statt zu hülff Konnte Komen wie die hülff kam fandt Man Einen wolff undt die zwey dragoner todt der zweyte wolff aber hatte sich auß dem staub gemacht.*" (Übersetzung: Die Wölfe hausen hier abscheulich. Den Courier von Alloncon haben sie samt seinem Pferd gefressen, und vor der Stadt Du Mon haben zwei Wölfe einen Kaufmann attackiert. Einer sprang ihm auf die Brust und fing schon an, seine Kleidung zu zerreißen. Der Kaufmann schrie zwei Dragoner heran, die vor der Stadt spazieren gingen. Einer zog den Degen und stieß ihn mitten durch den Wolf. Dieser ließ daraufhin von dem Kaufmann ab und sprang den Dragoner an. Dessen Kamerad kam nicht schnell genug. Zwar brachte er den Wolf noch um, doch hatte dieser den ersten Dragoner bereits erwürgt. Nun kam der zweite Wolf von hinten, warf den zweiten Dragoner auf den Boden und biss ihm die Kehle durch, ehe aus der Stadt weitere Hilfe kam. Man fand einen toten Wolf und zwei tote

Oberförster Schepul (links) und Revierjäger Leitgeb mit einem 1964 in der Forstverwaltung Hollenburg in Niederösterreich erlegten zugewanderten Braunbären.

Dragoner. Der zweite Wolf hatte sich aus dem Staub gemacht.) Wir dürfen getrost davon ausgehen, dass in früherer Zeit viele Verbrechen und erst recht kleinere Straftaten Bär, Wolf und Luchs in die Schuhe geschoben wurden. Raubtiere mussten für Steuerbetrügereien sicher ebenso herhalten wie für Racheakte sowie Familiendramen.

Wo es um die Bekämpfung von Raubwild ging, spielte auch das Gift zu allen Zeiten eine große Rolle. Auch wenn es inzwischen längst verboten ist, so fallen in manchen Balkanländern, aber auch in Spanien und Frankreich, Bär und Wolf selbst heute noch ausgelegten Giftködern zum Opfer. Bis in die jüngste Vergangenheit wurden in manchen Ländern für vergiftetes Raubwild sogar Prämien bezahlt. Wer glaubt, diese barbarischen Methoden seien längst Geschichte, der irrt. In Ober- und Niederösterreich sowie im Burgenland, aber auch in westdeutschen Bundesländern werden immer wieder zahlreiche vergiftete Füchse, Dachse, Marder und Greifvögel gefunden. Darunter befinden sich selbst hochseltene Arten. Im Jahre 2000 fielen in Österreich drei Seeadler derartigen Giftanschlägen zum Opfer, 2003 waren es zwei Seeadler und bis Sommer 2006 nochmals zwei. Letztere wurden jedoch knapp jenseits der Staatsgrenze auf tschechischem Gebiet gefunden. Wie hoch die Dunkelziffer ist, lässt sich nicht sagen.

Gift lässt sich nicht selektiv einsetzen. Die Köder werden von Greifvögeln ebenso aufgenommen wie vom Fuchs, und dort, wo diese vorkommen, auch von Bär, Wolf oder Luchs.

## Die letzten Bären in Südtirol

„Ausgerottet", im Sinne einer sich regelmäßig fortpflanzenden Art, wurde der Bär in Südtirol im 19. Jahrhundert. Trotzdem durchstreiften – selbst im 20. Jahrhundert noch – immer wieder einzelne Bären das Land, die teilweise auch erlegt wurden. Anfang April 1913 riss ein Bär im Bereich der damals noch selbstständigen k. und k. österreichischen Gemeinde Reschen mehrere Schafe. Das ärgerte den Pfarrer von Reschen, der zugleich Aufseher der Gemeindejagd war (!) so sehr, dass er für den 13. April selbigen Jahres eine große Treibjagd organisierte. Als Schütze mit von der Partie war ein 14-jähriger Bub, der Wilhelm Federspiel. Er fand in der Nähe eines Gehöftes nahe St. Valentin im Schnee die Fährte des Bären. Dieser folgend traf er in einem Seitengraben des Rojentals auf den Bären und erlegte ihn. Man

Der am 13. April 1913 im Gebiet des Reschen vom 14-jährigen Wilhelm Federspiel erlegte Bär wurde über Monate auf einem Traggestell gegen Geld zur Schau gestellt.

brachte den Bären nach Reschen, wo er zunächst im Gasthof „Schwarzer Adler" aufgebahrt und in der Nacht unter Schellengeläut auf einem Wagen durchs Dorf gekarrt wurde. Am Folgetag wurde dem Kadaver das Fell abgezogen und zum „Ausstopfen" gebracht. Das Fleisch aber soll zunächst eingegraben worden sein. Erst nach längerer Zeit, so erzählten die Nachkommen der Zeitzeugen, grub man es wieder aus und führte es der Küche zu. Wilhelm Federspiel bekam vom Land Tirol, wie damals allgemein üblich, eine Abschussprämie in Höhe von 85 Kronen. Der ausgestopfte Bär wurde in den folgenden zwei Monaten im gesamten Vinschgau bis Meran hinunter und im benachbarten Oberinntal bis Landeck zur

Der Briefträger Josef Schwienbacher ist der Erleger des offiziell letzten Bären des Ultentales 1930 in St. Walburg. Rechts an seiner Seite Johann Schwienbacher.

Schau gestellt. Selbstverständlich sammelten der Erleger und seine Begleiter kräftig Geld ein, das aber, so wird berichtet, zur Gänze „in Lustbarkeit" umgesetzt, also – versoffen wurde.

Im selben Jahr brachte man bei St. Nikolaus im Ultental noch einen zweiten Bären zur Strecke. Über die Umstände ist nicht viel überliefert worden, nur dass der Schütze ein gewisser Nikolaus Zöschg war. Ein weiterer Bär wurde 1930 in St. Walburg in Ulten, also rund 70 Kilometer von Reschen entfernt, erlegt. Schütze war der Briefträger Josef Schwienbacher. Lange galt dieser Bär offiziell als der letzte in Südtirol erlegte. Heinrich Aukenthaler, Sekretär des Südtiroler Jagdverbandes, fand jedoch noch weitere Berichte über die Erlegung oder zumindest Sichtung von Bären in diesem Land. So ereilte nur zehn Jahre später, 1940, einen weiteren Bären, diesmal bei St. Walburg/Gigglhirn, ebenfalls im Ultental, die Kugel

Der letzte Ultner Bär war ein begehrtes Fotoobjekt. Hinter dem Bären steht der Schütze Josef Schwienbacher umringt von weiteren Jägern, die am Ruhm teilhaben wollten.

eines Bauern mit Namen „Broatnberger" (wahrscheinlich Breiten-berger). Der Bär graste in dessen „Futteracker", wahrscheinlich einem Kleefeld, worauf der Bauer seine „Pix" holte und ihn in die ewigen Jagdgründe beförderte.

Im Herbst 1944 trieb sich ein Bär am Pragser Wildsee (im oberen Pustertal) herum. Ihn erlegten die beiden Brüder Josef und Georg Moser. 1946 wurde ein Bär am Maretscherberg gesehen, konnte aber nicht erlegt werden. Der Bauer Josef Lösch wollte ihn erschie-ßen, bekam ihn auch zu Gesicht, doch war die Entfernung für einen Schuss zu groß. In der Ortschronik von Ulten berichtet Arnold Lösch von einem Bären, der 1959 etliche Schafe riss. Obwohl der Bär in Italien längst unter Schutz stand, wurde eine Treibjagd auf ihn organisiert, bei der er aber entkam. Als man einige Tage später neuerlich auf ihn jagen wollte, verbot der Jagdaufseher Friedrich Paris die Jagd. Ob der Bär dennoch widerrechtlich erlegt wurde, lässt sich nicht mehr feststellen. Jedenfalls wurde er nachher nicht mehr gesehen oder gespürt.

Glück hatte jedenfalls ein anderer Bär, der 1954 im Einertal auftauchte und in drei Nächten insgesamt 22 Schafe tötete. Der zuständige Jagdaufseher und einige Jäger lauerten ihm in den Nächten auf, sahen ihn auch, doch nahm er sie frühzeitig wahr und flüchtete.

Knapp drei Jahre später, im Frühjahr 1957, trieb sich ein Bär im Bereich der Pfandlalm umher, ohne Schaden zu stiften. Dort stöberte ihn frühmorgens ein Schäferhund auf, der eine Frau und ihre kleine Tochter zu einem „Holzschlag" begleitete. Wahrscheinlich wäre die Anwesenheit des Bären nie bemerkt worden, hätte ihn nicht der Hund aufgestöbert und sich mit ihm angelegt. Der Hund trug unglücklicherweise einen Maulkorb, dessen bisshemmende Wirkung er wohl nicht einkalkulierte. So trug er eine tiefe Wunde davon.

1962 wurde wieder ein Bär im Raum Ultental, und zwar auf der Kitzerbichlalm, geschossen. Das ist insofern bemerkenswert, weil der Schütze nur eine Schrotflinte zur Hand hatte. Heute wird ein Schrotschuss (viele kleine, nur wenige Millimeter dicke Bleikugeln in einer Patrone) sogar als für Rehwild zu schwach angeschaut. Nun wiegt aber ein Reh nur den Bruchteil eines Bären. Wer mit Schrot einen Bären töten will, muss diesem schon sehr nahe auf den Pelz rücken. Den Schützen und all jenen, die von der Sache wussten, muss vor dem Verzehr von Bärenfleisch gegraust haben. Denn statt das Wildbret in der Küche abzuliefern, gruben sie den Bären einfach ein.

Ein vorläufig allerletzter Bär soll 1974 in „die Buecher-Ruaner" geschossen worden sein, doch fehlen zu diesem Vorgang Details. Alle späteren Sichtungen dürfen wir getrost in der Rubrik „Wiederbesiedlung" verbuchen.

# Die letzten Rückzugsgebiete

## Wo es in Europa noch Bären gibt

Verbreitungskarte:
Der Bär in Europa

Man will es nicht glauben, aber in den meisten europäischen Ländern gibt es heute noch frei lebende Bären! Wirklich bärenfrei sind neben Deutschland nur noch die Länder Belgien, Luxemburg, Niederlande, Dänemark, Großbritannien und Irland sowie die Mittelmeer- und Atlantikinseln. Geringe Bärenvorkommen, aber mit deutlich steigender Tendenz, gibt es in den skandinavischen Ländern Norwegen und Schweden. Eine deutlich höhere Dichte finden wir in Finnland. Rund ein Viertel der Fläche Europas (2,5 Millionen km$^2$) wird von Braunbären besiedelt. Alles in allem wird der derzeitige Bestand an Braunbären in Europa auf rund 50.000 Tiere geschätzt. Die KORA (Koordinierte Forschungsprojekte zur Erhaltung und zum Management der Raubtiere in der Schweiz) veröffentlicht folgende Zahlen über die Verbreitung des Bären in Europa:

| Population | Länder | Bestand 1999 |
|---|---|---|
| Nordosteuropa | Russland, europ. Teil | 36.000 |
| | Finnland | 800–900 |
| | Estland | 440–600 |
| | Weißrussland | 250 (120 ?) |
| | Norwegen | 8–21 |
| | Lettland | 20–40 |
| Skandinavien | Schweden | 1.000 |
| | Norwegen | 18–34 |
| Karpaten | Rumänien | 6.600 |
| | Ukraine | 400 (970 ?) |
| | Slowakei | 700 |
| | Polen | 100 |
| | Tschechien | 2–3 |
| Rila-Rhodopen | Bulgarien | 500 |
| | Griechenland | 15–20 |
| Stara Planina-Gebirge | Bulgarien | 200 |
| Dinarisches Gebirge – Ostalpen | Bosnien-Herzegowina | 1.200 |
| | Jugoslawien | 430 |
| | Kroatien | 400 |
| | Slowenien | 300 |
| | Griechenland | 95–110 |
| | Mazedonien | 90 |
| | Albanien | 250 |
| | Österreich | 23–28 |
| | Italien | ? |
| Südalpen | Italien | 3–4 |
| Apennin | Italien | 40–80 |
| Westliche Kantabrien | Spanien | 50–65 |
| Östliche Kantabrien | Spanien | 20 |
| Westliche Pyrenäen | Frankreich | 3–4 |
| | Spanien | 1–2 |
| Zentrale Pyrenäen | Frankreich | 5 |

In Rumänien leben Bären und Menschen seit jeher zusammen. So vertraut war der angeblich „außer Rand und Band" geratene Bruno nicht …

Die Zahlen der Tabelle sind grobe Schätzung. Wie nahe sie der Realität kommen, ist schwer zu sagen. Vor allem in Südosteuropa gibt es heute noch starke Bärenvorkommen, die aber alle mehr oder weniger stark im Abnehmen begriffen sind. Andererseits befinden sich einige Populationen deutlich im Aufwind. Dabei war es nicht selten die Jagdlust politischer Despoten, die dafür sorgte, dass Bärenbestände nicht nur erhalten blieben, sondern mancherorts auch unverantwortlich anwuchsen. In Rumänien war es Nicolae Ceausescu, der Unsummen für die „Bärenhege" ausgab, während es dem Volk selbst an den Grundnahrungsmitteln fehlte. Die rumänische Forstverwaltung musste sich einiges einfallen lassen, um Größe und Gewicht der in den Wäldern lebenden Bären zu ermitteln, denn der „Vater der Rumänen" wollte vor allem hochkapitale Bären möglichst einfach totschießen. Aber er war nicht der Einzige, der Macht hatte und vom Trophäenwahn befallen war. An gleicher „Krankheit" litt auch sein sozialistischer Nachbar Todor Kristow Schiwkow, bis 1989 an der Spitze der Kommunistischen Partei

Nicht nur in Rumänien durchsuchen Bären Mülltonnen nach Futter

Bulgariens. Die beiden lieferten sich ein erbittertes Wettrennen um die stärksten Jagdtrophäen, insbesondere um Bären. Das Rennen gewann eindeutig Ceausescu. Er ließ einfach keine zahlenden Bärenjäger mehr ins Land und schoss alle starken Bären selber, während der, trotz seiner kommunistischen Grundhaltung, in manchen Bereichen wirtschaftlich denkende Schiwkow die stärksten Bären in Devisen verwandelte.

Nach der politischen Wende ging es in Rumänien wie in Bulgarien nicht nur mit den Bären bergab, auch Wolf und Luchs wurden weniger. Das lag zunächst daran, dass in Rumänien zur Befriedigung von Ceausescus Jagdlust die Bären weit überhegt worden waren und der verarmten ländlichen Bevölkerung schwer zu schaffen machten. Gleichzeitig musste die Jagd mehr als zuvor zur Stützung des maroden Staatshaushaltes beitragen. Der Verkauf von Bärenab-

Blick vom Kočevski Rog nach Kroatien – unendliche Wälder und in ihnen viele Bären, Wölfe und Luchse. Im Alpenraum finden wir solch große, weitgehend unberührte Lebensräume nicht mehr.

schüssen an westliche Jagdtouristen brachte dringend benötigte Devisen. Auch Wolfsabschüsse taten dies. Vor allem aber sollte eine radikale Dezimierung des Großraubwildes mehr Hirsche, Rehe und Wildschweine wachsen lassen, für die ein noch größerer Markt vorhanden war und ist. Hinzu kommt, dass sich die Zahl der Jäger seit der Wende nahezu verdoppelt hat. Viele Jäger bedeuten aber auch ungleich mehr erlegtes Wild und mehr Konkurrenzdenken gegenüber Bär, Wolf und Luchs. Noch immer herrscht Lebensmittelknappheit; die Armut ist nicht kleiner als die Korruption. So darf es nicht verwundern, dass die Mehrzahl der rumänischen und viele bulgarischen Jäger weniger der Trophäen wegen zur Jagd ziehen als für den Kochtopf.

Trotzdem gibt es in Rumänien, aber auch in Bulgarien heute noch zahlreiche Bären. Es sind so viele, dass sie nachts sogar in die Städ-

In den großen bärenreichen Wäldern im Süden Sloweniens und im benachbarten Kroatien liegen immer wieder kleine bewohnte Rodungen wie hier die Siedlung Koprivnik. Die Bauern weiden ihr Vieh, trotz des Raubwildes, meist unbeaufsichtigt.

te kommen und in den Müllcontainern nach Fraß suchen. Dieses Zusammenleben von Bär und Mensch auf engem Raum geht allgemein gut. Trotzdem kommt es gelegentlich zu Zwischenfällen. Insgesamt gesehen werden aber ungleich mehr Rumänen von Hunden attackiert als von Bären. Und wenn wieder einmal, was alljährlich vorkommt, ein Mensch von den vielen zumeist herrenlosen Hunden totgebissen wird, dann interessiert dies in Mitteleuropa wirklich keinen Journalisten. Ganz anders lässt sich da eine Bärenattacke verkaufen!

## Geh'n wir Bären schaun ...

Inzwischen wurde erkannt, dass nicht nur tote Bären und Wölfe einen materiellen Wert haben und dass sich nicht nur Jäger für sie interessieren. Es entstand eine ganze Reihe von Projekten, die sich sozusagen die „weiche" Vermarktung des Großraubwildes als Teil der urwüchsigen rumänischen Landschaft vorgenommen haben. In Kronstadt (Brasov), der Hauptstadt Siebenbürgens, werden am Abend Bärenbeobachtungen für Touristen am Stadtrand organisiert. Gefahrlos können die Besucher Bären fotografieren, wenn diese Mülltonnen umwerfen, gelegentlich auch schon mal in einen Hausgang schauen oder Obst ernten.

Auch die Möglichkeit, im Wald von einem Hochsitz aus Bären zu beobachten, besteht – pro Person 35 Euro. Warum auch nicht? Die Karten für ein Popkonzert mit Hörschadengarantie kostet meist mehr, und wer mit seiner Gattin in Bozen, Wien oder München zum Abendessen geht, kommt mit diesem Betrag schon lange nicht mehr aus. Für die Rumänen aber sind 35 Euro unglaublich viel Geld, liegt doch das durchschnittliche Monatseinkommen gerade einmal bei 120 Euro!

In der Nähe von Brasov in den südlichen Karpaten wurde schon 1993 das Projekt „Carpathian Large Carnivori Project" ins Leben gerufen. In seinem Rahmen entstand das Tourismusprogramm „Wölfe, Bären und Luchse in Transsilvanien". Seit 1997 bringt es Touristen nach Siebenbürgen, die Großraubtiere erleben wollen. Die jährlichen Zuwachsraten in diesem Tourismussektor schwanken zwischen 50 und 120 Prozent, was sich ganz entscheidend auf die Verbesserung der Infrastruktur auswirkt. Es entstanden Übernachtungsmöglichkeiten und Restaurants, man kann Reitausflüge buchen oder Fahrräder mieten, und es wurden Naturführer ausgebildet. Inzwischen finden 150 Personen direkt bei diesem Projekt Arbeit – dies in einer völlig verarmten und strukturschwachen Region. Selbstverständlich wirkt sich die Anwesenheit von Naturtouristen auch für viele Kleingewerbler wie Bäcker oder Metzger positiv aus, ganz abgesehen von jenen Menschen, die in der Gastronomie oder im Transport Arbeit finden.

Jedenfalls wird so ungleich mehr erwirtschaftet als über den Verkauf von Bären- oder Wolfsabschüssen an ausländische Jäger. Ab-

Solch große Tafeln, die auf das reiche Bärenvorkommen hinweisen, finden sich an den Grenzen des Gemeindebezirkes Kočevje überall. Die slowenische Inschrift lautet übersetzt: „Seid willkommen in unseren Wäldern".

„Območje Medveda" bedeutet sinngemäß Bärenbereich. Das Schild steht im Trnovski gozd in Slowenien und macht Waldbesucher darauf aufmerksam, dass sie in diesem Bereich einem Bären begegnen können. Niemand hat deshalb Angst oder lässt sich am Weitergehen hindern.

gesehen davon kann und soll die Jagd ja nach wie vor regulierend eingreifen.

Bei vielen Erlebnistouristen erweckt schon eine im feuchten Sand abgedrückte Bärenspur oder ein vielleicht noch dampfender Kothaufen, die sie bei einer geführten Wanderung finden, Hochgefühle. Und ob man es glaubt oder nicht, es gibt eine Menge Menschen, die alle auch heute noch gegebenen Beschwerlichkeiten eines Rumänientrips auf sich nehmen, um irgendwann einmal am Abend wilde Wölfe heulen zu hören!

In diesem Zusammenhang ist Folgendes interessant: Als im Sommer 2005 der Bruder von Bär „Bruno" etwas außerhalb des Schweizer Nationalparks ein Kalb riss, ließ man den Kadaver liegen, um den Bär beobachten zu können. Prompt kamen an den folgenden Abenden jeweils mehrere Hundert Schaulustige an den „Tatort", um den Bären zu sehen. Schließlich musste das zuständige Amt für Jagd und Fischerei zur Zurückhaltung mahnen, weil manche Schaulustige die Gutmütigkeit des Bären ausreizten. Das war dann auch der Anlass dafür, dass das Amt eine Vergrämungsaktion organisierte und dass die Nationalparkverwaltung fortan keine Mitteilungen mehr über Örtlichkeiten herausgab, an denen der Bär beobachtet wurde. Der Rummel und die Begeisterung über die Rückkehr, genau 101 Jahre nach seiner lokalen Ausrottung, waren einfach zu groß.

Einen „Bären-Tourismus" gibt es inzwischen auch nach Finnland, und zwar im Herbst wie im Frühling. Teils warten die Teilnehmer nachts in einer Ansitzhütte auf den oder die Bären, teils können sie diese neben Elch, Wolf und Waldhühnern auf geführten Wanderungen am hellen Tag erleben.

Dem österreichischen Bundesland Vorarlberg stattete „Bruno" nur einen Kurzbesuch ab, doch im Nu hatte die Fremdenverkehrswerbung erkannt, dass man mit Bären Gäste locken kann. Und so muss der Bär heute vielfach seinen Namen der Werbung leihen. Die Gäste werden derzeit in Vorarlberg kaum einen Bären zu Gesicht bekommen, aber der Gedanke an den Bären erzeugt längst keine Angst mehr.

Das neue „Sagenhafte Bärenland" am Sonnenkopf ist einfach „bärig". Da ist sprichwörtlich der Bär los! Schon die Auffahrt mit den Bärengondeln macht nicht nur den Kindern Spaß. Gleich am Anfang des Bärenlandes kann Wasser gestaut werden. Nachdem die Schieber gezogen werden, schießt das Wasser wie ein Wasserfall in den See. Beim Bären-Spielplatz verweilen die Kinder besonders gerne. Auf dem kleinen Bergsee können sich Mutige im Floßfahren üben. Mit geschlossenen Augen streicheln die Kinder den Zauberbären in der Bärenhöhle und so geht manch ein Wunsch in Erfüllung. Wer das Bärenland von oben sehen möchte, kann eine rasante Fahrt mit der Bären-Seilbahn machen. Die Kinder fühlen sich im Bärenland sichtlich wohl …

*http://www.sommerbahnen.at/bahnen/bahnen/portrait.php?A_ID=19*

Auf dem Balkan gibt es gegenwärtig die meisten Bären in Bosnien-Herzegowina (geschätzte 1.200 Stück), was seine Ursache auch im Krieg von 1992 bis 1995 hat. Heute noch sind etwa vier Prozent der Landesfläche mit Minen verseucht. Diese liegen zu einem Großteil in den oft unendlich erscheinenden Wäldern, von denen viele immer noch nicht gefahrlos begehbar sind. Die Bären führen dort ein weitgehend ungestörtes Leben. Einen Jagdtourismus gibt es kaum. So ist die Zahl der alljährlich erlegten Bären relativ gering. Auch in den übrigen ehemaligen jugoslawischen Teilrepubliken lebt eine beachtliche Zahl von Bären. Am dichtesten von Meister Petz besiedelt ist wohl das kleine Slowenien. Dort wurde die Anzahl der Bären wegen stark angestiegener Schäden in den letzten Jahren reduziert, was zu erheblichen Protesten vor allem aus Deutschland führte. Die Bären hatten den ihnen ursprünglich zugedachten Lebensraum erheblich erweitert. War ihr Vorkommen früher weitgehend auf die waldreichen Räume entlang der Grenze zu Kroatien beschränkt, leben sie heute in vielen Landesteilen. Allerdings stellte gerade diese Erweiterung des Lebensraumes in Richtung Norden die Brücke in das Friaul und nach Kärnten dar. Gefährdet sind die Bären in Slowenien auch nach den Reduktionsabschüssen in keiner Weise. Wer in den Wäldern südlich von Postojna oder um Kočevje herum Urlaub macht, hat reale Chancen, einem Bären zu begegnen. Mehr Glück gehört dazu, einen der wenigen Wölfe heulen zu hören.

## Beeren für die Bären

Welche Schäden der Bär anrichtet und zu welchen Teilen er sich wovon ernährt, das hängt in erster Linie vom Nahrungsangebot seines Lebensraumes ab. Das zeigt sich kaum irgendwo deutlicher als in Skandinavien. Dort leben Bären beiderseits der Grenze zwischen Norwegen und Schweden. Auf schwedischer Seite wird kaum Vieh auf abseitige Weiden getrieben, ganz im Gegensatz zu Norwegen. Dort weiden im Sommer 2,2 Millionen Schafe, die meisten frei und unbeaufsichtigt und oft weit abseits der Gehöfte. Während in Schweden auch die Mehrheit der Bauern den Bären gelassen gegenübersteht, schlagen die Wogen in Norwegen immer wieder hoch. Wildbiologen gingen daher Ende der 90er-Jahre den Fressgewohnheiten der Bären nach. Sie sammelten deren Kot ein und untersuchten ihn. Die Ergebnisse sind durchaus interessant.

Im Frühjahr, wenn die Bären erwachen und das Vieh noch in den Ställen ist, ernähren sich die Bären beidseits der Grenze so grob zu 70 bis 90 Prozent von Aas, also von Wildtieren, die den Winter nicht überlebt haben. Das ist für Bären eine sehr bequeme und überdies durchaus sinnvolle Art sich zu ernähren. Im Sommer, wenn in Norwegen die Schafe auf der Weide sind, fressen die dortigen Bären fast nur noch Fleisch, während die schwedischen Bären weitgehend

Am Rande einer Forststraße hat der Bär ein Wespennest ausgegraben.

auf pflanzliche Nahrung umstellen und praktisch kaum Haustiere schlagen. Ganz enorm hoch ist der Insektenanteil, den schwedische Bären im Sommer verputzen; er liegt zwischen 27 und 46 Prozent! Natürlich fangen Bären keine Fliegen, aber sie graben unzählige Wespennester aus, um die darin enthaltenen Larven zu fressen. Auch zahlreiche andere Insekten und deren Larven holen sie aus dem Boden. Bären lösen auf der Suche nach Insekten auch systematisch die Rinde toter Bäume ab und zerlegen morsche auf dem Boden liegende Stämme. Den mit Schafen verwöhnten norwegischen Bären ist das zu mühsam; in ihrem Kot ließen sich maximal sechs Prozent Insekten nachweisen.

In den meisten ihrer europäischen Verbreitungsgebiete bevorzugen Bären im Herbst Beerennahrung. Das hat durchaus einen guten Grund. In Früchten stecken nämlich die wichtigen Kohlenhydrate, die der Körper in Fett umwandelt. Und davon brauchen Bären eine ganze Menge, wenn sie den Winter gut überstehen wollen. In Schweden halten sie sich an diese Regel und fressen gut 80 Prozent Beeren. Ihren norwegischen Artgenossen ist das zu mühsam. Sie bevorzugen, so lange diese auf der Weide sind, Schafe.

## Zerschnittene Lebensräume

Früher waren auch viele Fachleute der Meinung, Bären würden sich nur in großen menschenleeren Wäldern daheim fühlen und alle dichter besiedelten oder häufig von Menschen frequentierten Gebiete meiden. Dem ist aber ganz und gar nicht so. Eigentlich haben Bären mit unseren Siedlungen und unserer Anwesenheit im Wald viel weniger Probleme als wir mit ihnen. Das zeigt ja schon die Tatsache, dass Bären im waldreichen und dünn besiedelten Rumänien in die Städte kommen. Es ist aber unbestritten, dass es in dichter besiedelten Gebieten viel häufiger zu Konfliktsituationen kommt als in großen zusammenhängenden Waldgebieten.

Ob es freilich in Deutschland noch bärentaugliche Lebensräume gibt, darf – auch wenn man Argumentation und Vorgehen im Fall „Bruno" nicht billigt – bezweifelt werden. Der bayerische Alpenraum ist ein schmaler Streifen, der gänzlich dem Tourismus geopfert wurde. Natürlich könnte dort noch der eine oder andere Bär herumstreifen, ohne dass die Landeskultur zusammenbräche oder unbezahlbare Schäden entstünden. Aber möglich wäre das nur im Zusammenhang mit dem angrenzenden Land Tirol. Alle anderen großen in Deutschland befindlichen Waldgebiete sind entweder noch mehr vom Tourismus beschädigt oder sie liegen so isoliert, dass eine Vernetzung nicht möglich wäre.

Was den Bären, insbesondere ihrer Ausbreitung, zu schaffen macht, sind unsere Verkehrswege, die Autobahnen und Bahnlinien. Auf ihnen wird in der Regel überaus schnell gefahren, und die Verkehrsdichte steigt europaweit. Damit wächst für die Bären die sprichwörtliche Gefahr „unter die Räder zu kommen". Kollisionen stellen – besonders bei hoher Geschwindigkeit – auch für die Autofahrer ein hohes Risiko dar. Doch damit kann man die Rückkehr des Bären nicht seriös ablehnen. Denn nahezu im ganzen Alpenraum gibt es Hirsche, die ebenso schwer werden wie ein Bär. Sie stellen für Autofahrer kein geringeres Risiko dar. Entlang der Autobahnen weiden aber auch Rinder und Pferde, von denen immer wieder einmal welche ausbrechen und sich auf der Autobahn herumtreiben. Niemand käme deshalb auf die Idee, die Pferde- oder Rinderhaltung in Autobahnnähe zu verbieten. Im Übrigen können auch sehr viel kleinere Tiere, etwa Dachse, Füchse oder Hauskat-

Autobahnen zerschneiden heute viele Bärenlebensräume und fordern Verluste.

zen, Auslöser für tödliche Verkehrsunfälle sein. Natürlich steigt das Risiko mit dem Gewicht des betroffenen Tieres.

Die meisten Autobahnen werden von Schutzzäunen begleitet, die Wildtiere vom Betreten der Fahrbahnen abhalten sollen. Diese Zäune stellen jedoch keinen absoluten Schutz dar, weil sich kleine Tiere wie Dachse, Füchse und Hasen immer wieder unter den Zäunen durchgraben. Auch Wildschweine haben wenig Respekt vor ihnen. Sie sind kräftig und geschickt genug, um die Zäune einfach hochzuheben. Bären lassen sich von ihnen am wenigsten beeindrucken. Sie turnen mit Leichtigkeit über die Zäune hinweg. Es ist also kein Wunder, dass in den traditionellen Bärengebieten in Slowenien und Kroatien immer wieder Bären auf den Autobahnen „zur Strecke" gebracht werden. Erschwerend kommt hinzu, dass die Tiere meist uralte und tradierte Wechsel benutzen, über die früher keine Straße führte.

Nicht nur Schnellstraßen sind für Bären gefährlich, auch Eisenbahnlinien. In Kroatien wurden zwischen 1946 und 1985 insgesamt 31 Bären in Verkehrsunfälle verwickelt, davon jedoch nur sechs in solche mit Autos, 25 Bären wurden von der Eisenbahn überfahren. Das ist im doppelten Sinne bemerkenswert, denn es zeigt, dass Bären den permanenten Verkehrsfluss auf der Straße offenbar besser einschätzen können als den nur sporadischen auf der Schiene. 31 verunglückte Bären in 41 Jahren sind aber auch eine Zahl, mit der man leben kann. Freilich war das Verkehrsaufkommen in jenen Jahren noch vergleichsweise gering. Inzwischen wurde die Autobahn von Karlovac nach Rijeka mit einer Grünbrücke ausgestattet,

Diese Grünbrücke wurde eigens für die Bären nachträglich über die Autobahn Villach–Venedig bei Arnoldstein (Kärnten) errichtet.

die von den Bären auch dankbar angenommen wurde. Im Dreiländereck von Kärnten (Österreich), Friaul (Italien) und Krain (Slowenien), wo drei Autobahnen zusammenlaufen, wurde im Jahr 2004 eine Grünbrücke gebaut. Sie wurde knapp ein Jahr später, im Juli 2005, erstmals vom Bären angenommen.

Ein wesentliches Hindernis bei der Wanderung der Bären Richtung Westen ist die rund 200 Kilometer lange Brennerautobahn von der Poebene zum Brenner hinauf. Auf ihr wurde bereits ein Bär angefahren.

Auch Österreich ist von Autobahnen zerschnitten. Da ist als Nord-Süd-Achse die Tauernautobahn von Salzburg nach Villach. Sie hat jedoch den Vorteil, auf längeren Strecken über Brücken oder durch Tunnels geführt zu werden, was sie nicht nur für Bären, sondern auch für Hirsche und andere Tierarten „durchlässig" macht. Dann ist da noch die Südautobahn, die Wien mit Villach verbindet. Auch sie ist in den wichtigsten Abschnitten durchlässig. Weniger trifft das auf die Westautobahn von Wien nach Salzburg zu. Sie durchschneidet aber auch kaum potenzielle Bärenlebensräume.

# Wo es in Europa noch Wölfe gibt

| Länder | Bestand 1999 |
|---|---|
| Norwegen | 5–10 |
| Schweden | 40–50 |
| Finnland | 120 |
| Deutschland | > 5 |
| Frankreich | 50 |
| Schweiz | 1 ? |
| Österreich | ? |
| Italien | 400–500 |
| Spanien | 2.000 |
| Portugal | 300–400 |
| Estland | ? |
| Lettland | ? |
| Litauen | 400 |
| Polen | 600–700 |
| Tschechien | 5–10 |
| Slowakei | 400 |
| Rumänien | 2.500 |
| Ungarn | < 50 |
| Slowenien | 30–50 |
| Kroatien | 50–100 |
| Bosnien-Herzegowina | < 400 |
| Serbien | ? |
| Albanien | 250–1.000 |
| Mazedonien | 500–1.000 |
| Bulgarien | 800–1.000 |
| Griechenland | 150–300 |
| Ukraine | ? |
| Weißrussland | ? |
| Russland (europ. Teil) | 30.000–100.000 |

Verbreitungskarte:
Der Wolf in Europa

Wölfe konnten sich allgemein etwas länger behaupten als der Bär.
Das hängt einmal damit zusammen, dass sie den Menschen ungleich mehr scheuen als der Bär, aber auch mit ihren ungleich höheren Nachwuchsraten. In Deutschland waren Wölfe als sich regelmäßig fortpflanzendes Standwild bereits um 1800 herum
ausgestorben. Allerdings traten – vor allem in den grenznahen Räu-
men im Osten und Süden – immer wieder Wanderwölfe auf. So
wurden in der ersten Hälfte des 19. Jahrhundert noch 23 Wolfsabschüsse offiziell registriert. Die tatsächliche Zahl wird wahrscheinlich weit höher gewesen sein, einfach weil nicht jeder erlegte Wolf
als solcher erkannt und gemeldet wurde. Auf dem Gebiet der ehemaligen DDR fielen nach 1945 noch mindestens 17 Wölfe, die aus
Polen oder Tschechien einwanderten. Nach Westdeutschland drangen bis 1999 immerhin noch sieben Zuwanderer vor, die ebenfalls
geschossen wurden. Im Winter 1997 wurden in Sachsen, direkt an
der Grenze zu Polen, sogar zwei Rudel aus etwa zehn Tieren vermutet. Nachdem der Wolf in Polen 1998 unter Vollschutz gestellt
wurde, rechnet man mit weiteren Zuwanderern.

Auch in Slowenien wurde der Wolf systematisch verfolgt. Die Jäger aus Kočevje stellen sich Ende der 20er-Jahre mit den geschossenen Wölfen dem Fotografen

Trotzdem: Von den „drei Großen" haben es die Wölfe wohl am schwersten, in ihre ehemaligen Lebensräume zurückzukehren. Sie sind nicht nur Konkurrenten der Jäger, sie sind auch „grausam". Zumindest wird das, was sie machen, um zu überleben, als grausam bezeichnet. Wölfe reißen Schafe, Rehe, ja sogar Hirsche. Sie beißen ihren Opfern die Kehle durch, reißen ihnen die Bauchhöhle auf und produzieren so abschreckende Bilder, über die die meisten von uns nur wenig nachdenken, dafür aber umso emotionaler reagieren.

Tatsächlich stirbt ein vom Wolf gefangenes Reh in der Regel in weniger als einer halben Minute. Beim suboptimalen Schuss mit einem Jagdgewehr dauert es häufig länger, ehe der Tod eintritt. Auch werden Wildtiere bei der Jagd immer wieder so unglücklich getroffen, dass ihnen die Flucht gelingt. Sie müssen dann, nach entsprechender Wartezeit, mit einem gut ausgebildeten Jagdhund gesucht werden. Bis ein solches Wildschwein oder ein Hirsch tatsächlich erlegt ist, können nicht nur Stunden vergehen, sondern in wirklich schwierigen Fällen sogar Tage. Dabei ist jeder Jäger bemüht, so exakt und vorsichtig wie irgend möglich zu schießen. Aber auch er ist beim Schuss vielen Einflüssen ausgesetzt, die er nicht beherrschen kann.

Aber denken wir nur an unsere Hauskatze. Sie fängt eine Maus und „spielt" mit dieser fünf oder zehn Minuten und manchmal noch viel länger, ehe sie die Maus vollends tötet und verspeist. Diese Maus leidet um das Vielfache mehr als das vom Wolf gerissene Reh. Wir argumentieren aber nicht mehr rational, wenn wir das Leid eines Rehs höher ansetzen als das einer Maus oder eines Vogels. Schmerz ist Schmerz, ganz gleich, wer ihn empfängt.

Gerade Landwirte, die durch Bär, Wolf oder Luchs Schäden erlitten haben, argumentieren häufig mit Tierschutz gegen diese drei Arten. Sie vergessen dabei ganz gern jene Leiden, die ihren Tieren zugefügt werden, wenn sie aus kommerziellen Überlegungen tagelang durch Europa gekarrt werden!

Mit dieser ungleichen Beurteilung müssen die Wölfe bis heute auch dort leben, wo sie nie ausgestorben waren. Daher gibt es auch kaum ein Land, in dem Schutzmaßnahmen wirklich hundertprozentig greifen. Mit einer Dunkelziffer an illegalen Abschüssen oder Vergiftungsaktionen muss in jedem Land gerechnet werden. Solange die Landschaft nur dünn vom Menschen besiedelt ist, verkraften das die Wölfe meist. Mit steigender Zersiedlung der Landschaft wird es für sie schwerer, selbst wenn sich dadurch die Nahrungsbasis eher verbessern sollte. Andererseits haben 1000 Jahre intensive Verfolgung durch den Menschen den Wolf ungemein sensibilisiert.

Die größten und stabilsten Wolfsbestände leben heute im Baltikum, im europäischen Teil Russlands, im Karpatenbogen, auf dem Balkan und in Italien. Italien ist in dieser Beziehung ein Phänomen! Es ist ja in keiner Weise mit dem Baltikum oder mit Rumänien vergleichbar. Es ist ein Land so europäisch, so zivilisiert, so technisiert und so besiedelt wie andere europäische Länder auch. Und trotzdem leistet es sich Wölfe! Auch wenn es noch so viele Schafhalter und Ziegenhirten gibt, die dem Wolf am liebsten den Garaus machen würden, so ist doch die Mehrheit auch der ländlichen Bevölkerung so tolerant, dass sich der Wolf in den letzten Jahrzehnten vermehren konnte. Mehr noch: Es gibt so viele Jungwölfe, dass immer wieder Abwanderer nachgewiesen werden, die es sogar bis in die Westschweiz schaffen.

In Polen gibt es zwei Populationen: eine ganz im Osten, die Kontakt mit benachbarten Vorkommen hat, und eine isolierte im Westen des Landes. Von dort aus wandern immer wieder Wölfe nach Deutschland ein. Die finnischen Wölfe leben fast alle entlang der Grenze zu Russland. Dann gibt es noch eine isolierte Population im

Grenzgebiet von Schweden und Norwegen, wobei die meisten der maximal 60 Tiere auf schwedischer Seite leben. Weit stärkere Wolfsvorkommen gibt es in Spanien, vor allem ganz im Nordwesten des Landes. Um die 2.000 Tiere sollen es sein, Tendenz steigend.

Das Ökologieforum Slowenien macht heute Sympathiewerbung für den Wolf.
Doch lange sah man auch Plakate, welche Abschussprämien versprachen.

## Wo es in Europa noch Luchse gibt

| Population | Länder | Bestand |
|---|---|---|
| Nordische Population | Skandinavien | 2.800 |
| Baltische Population | Russland, Estland, Lettland, Weißrussland, Polen, Litauen, Ukraine | 2.000 |
| Balkanpopulation | Albanien, Mazedonien, Serbien-Montenegro, Griechenland (Bulgarien?) | 80 |
| Karpatenpopulation | Rumänien, Slowakei, Polen, Ukraine, Tschechien, Ungarn, Serbien (Bulgarien?) | 2.800 |
| Böhmisch-bayerische Population | Tschechien, Deutschland, Österreich | 75 |
| Dinarische Population | Bosnien-Herzegowina, Kroatien, Slowenien | 130 |
| Alpenpopulation | Schweiz, Slowenien, Italien, Österreich, Frankreich | 120 |
| Jurapopulation | Frankreich, Schweiz | 80 |
| Vogesen-Pfälzer Wald | Frankreich, Deutschland | 20 |

Schon die Zahl der großen relativ auffälligen Bären lässt sich nur grob beziffern. Ungleich schwieriger ist dies beim Luchs. Häufig wird die Anwesenheit des Luchses lange Zeit hindurch selbst von den Jägern nicht bemerkt. Alle veröffentlichten Zahlen sind daher mit einer gewissen Vorsicht zu werten. Auf den ersten Blick ist es um den Luchs gar nicht so schlecht bestellt. Immerhin gelang es ihm sogar in Deutschland wieder Fuß zu fassen. Bei Betrachtung der Karte fällt jedoch auf, dass in Mitteleuropa viele Vorkommen inselartig sind. Es handelt sich oft um ganz kleine Vorkommen, die nur aus wenigen Tieren bestehen und die keine Verbindung zu benachbarten Vorkommen haben. Bei ihnen besteht immer das Risiko der Inzucht. Manchmal genügt aber schon die Verkettung unglücklicher Umstände wie illegale Abschüsse, Verkehrsverluste oder zu geringer Nachwuchs, um ein Vorkommen erlöschen zu lassen. Ge-

Verbreitungskarte:
Der Luchs in Europa

sichert ist ein Vorkommen erst dann, wenn es seinen absoluten Inselstatus verliert.

Der Luchs ist von den „drei Großen" die Art, welche am wenigsten Probleme macht. Dies gilt vor allem dort, wo keine oder nur wenige Schafe unbeaufsichtigt auf der Weide oder Alm gehalten werden. Trotzdem hegen die mit ihm den Lebensraum teilenden Jäger gegen ihn viel größere Vorbehalte als gegen den Bären. Sie fürchten vor allem um ihre Rehe, die zur Lieblingsbeute des Luchses gehören. Tatsächlich aber regulieren die Rehe eher den Luchs als dieser sie. Es ist ganz einfach: Gibt es irgendwo viele Rehe, geht es den Luchsen dort gut und sie können ihre Jungen erfolgreich aufziehen. Die Jugendsterblichkeit der Luchse sinkt, und die erwachsenen Luchse, die alle eigene Reviere haben, in die sie keine Artgenossen eindringen lassen, können kleiner sein, als wenn Nahrung knapp ist. Das heißt aber auch, dass dann die Siedlungsdichte des Luchses steigt; es leben dann mehr Luchse auf derselben Fläche. Gibt es wenig Rehe, werden die Luchse nicht so leicht satt. Sie müssen weit umherstreifen und mehr Energie für Bewegung und Jagd auf sich nehmen. Damit sinken gleichermaßen ihre Kondition,

Luchse werden gefangen, narkotisiert, untersucht und anschließend mit einem Sender versehen, mit dessen Hilfe wertvolle Daten gewonnen werden können.

ihre Vermehrungsrate und ihre Siedlungsdichte. Die Rehe haben dann sozusagen „Luft" und können sich wieder vermehren. Ob die Rehe das tatsächlich tun, hängt aber auch von ihrer Nahrung ab. Gibt es zu viele Rehe, werden die beliebtesten und energiereichsten Nahrungspflanzen weniger. Das wirkt sich wieder negativ auf die Energiebilanz, die Vermehrungsrate und die Siedlungsdichte der Rehe aus. Sinkt die Zahl der Rehe, erholen sich die Nahrungspflanzen, und es können wieder mehr Rehe werden. Natürlich gibt es noch zahlreiche andere Faktoren, die Einfluss auf die Pflanzenwelt nehmen. Erstens sind die Rehe nicht die einzigen Pflanzenfresser, und zweitens ändern sich die Umweltfaktoren, die auf das Pflanzenwachstum einwirken, ständig. Es gibt heiße, kalte, trockene und nasse Jahre.

Das Verhältnis von Rehwild zu Nahrung ist genau dasselbe wie das von Luchs zu Nahrung. Ein ganz gutes Beispiel ist Schweden, wo es nach dem Krieg nur noch relativ wenige Luchse gab. Auch die

Luchsbeute war nicht dicht gesät. Es gab ungleich weniger Elche und Rehe als heute. Doch in der zweiten Hälfte des 20. Jahrhunderts vermehrten sich Elche wie Rehe ungemein. Letztere haben weite Lebensräume erobert, in denen sie früher nicht vorkamen. Heute findet man selbst nördlich des Polarkreises noch einzelne Rehe. Diese Entwicklung hat den Luchs ungemein begünstigt, so dass er heute in fast ganz Schweden vorkommt.

Auch Slowenien kann herangezogen werden, wenn es gilt den Jägern Ängste zu nehmen. Dort wurden die Luchse 1972, nachdem sie vorher nur noch sporadisch im Bereich der Grenze zu Kroatien vorkamen, wieder eingebürgert. Heute besiedeln sie einen Großteil des Landes, ausgenommen die reinen oder überwiegenden Agrargebiete. Würden die Luchse die Rehe ausrotten oder zumindest kräftig reduzieren, dürfte es heute nach rund 35 Jahren fast keine mehr geben. Doch genau das Gegenteil ist der Fall. Heute werden in Slowenien jährlich rund fünfmal so viele Rehe erlegt wie 1972.

Natürlich verbreiten die Luchse, dort wo sie nach Jahrzehnten der Abwesenheit neu auftauchen, Unruhe unter den Rehen. Sie müssen erst lernen, sich auf die Gefahr einzustellen. Das zwingt aber die Luchse, schonend zu jagen. Sie müssen ihr Gebiet, in dem sie herumstreifen, ausweiten, damit möglichst viel Zeit vergeht, ehe sie an einem bestimmten Ort neuerlich auftauchen. Die Rehe müssen zwischenzeitlich zu einem gewissen Grad arglos werden, sich wieder halbwegs sicher fühlen. Ansonsten sinken die Chancen des Luchses, eines von ihnen zu erbeuten, drastisch. In dieser Phase der Neubesiedlung hat der menschliche Jäger die größten Probleme, denn auch er bekommt die gesteigerte Vorsicht der Rehe zuerst zu spüren. Das heißt, er sieht weniger Rehe als zuvor, und er muss mehr Zeit aufwenden, um eines von ihnen zu erlegen. Das bedeutet aber nichts anderes, als dass die Rehe sich auch vor ihm noch mehr vorsehen als früher.

Schon bei den Bären, deren Zahl, wie oben schon angemerkt, ungleich leichter zu erfassen ist als die der Luchse, gibt es unter Fachleuten große Meinungsverschiedenheiten über die Bestandszahlen. Daher können uns die veröffentlichten Zahlen nur als grober Anhalt dienen. Halbwegs zuverlässig sind Bestandszahlen dort, wo Luchse ausgesetzt wurden. Die Tiere sind dann markiert oder meist besendert, sodass sie für die Dauer eines Jahres radiotelemetrisch beobachtet werden können. Die ihnen umgehängten Sender geben Signale ab, die von Satelliten im Weltall aufgefangen und zur Erde zurückgeworfen werden. Das war beispielsweise in der Schweiz so. Doch sobald in einem neuen Lebensraum die ersten Jungen geboren werden, wird die Sache schwieriger.

Im ersten Moment mag es beruhigen, wenn man liest, dass in Skandinavien noch 2.800 Luchse leben. Tatsächlich verteilen sich diese aber auf einen Raum, der etwa so groß ist wie ganz Mittel- und Westeuropa. Selbst wenn es doppelt so viele wären, hätte der Wanderer, der Jäger oder Bauer nur selten die Chance, einen von ihnen zu sehen.

Die kleine Population Vogesen-Pfälzer Wald (Frankreich und Deutschland) zählt vermutlich nur 20 Tiere. Bei so kleinen Vorkommen können schon geringe Verluste zu einem Erlöschen führen, jedenfalls dann, wenn es keine Verbindung zu anderen Vorkommen gibt.

# Die „drei Großen" auf dem Heimweg

## Der Bär kehrt nach Österreich zurück

Wirklich ausgestorben war der Bär eigentlich nur in Teilen Mitteleuropas – in der Schweiz und in Deutschland. In Österreich, das ja unstrittig auch zu Mitteleuropa gehört, gab er zumindest regelmäßig Gastrollen. Immer wieder wechselten Bären über die Karawanken oder über das Dreiländereck aus Slowenien zu, durchstreiften Kärnten und tauchten sogar in Osttirol auf. Doch anders als im Rest Mitteleuropas durften die Bären in Kärnten noch in der zweiten Hälfte des 20. Jahrhunderts legal geschossen werden. 1951 kam einer im Bärental, dem Besitz des heutigen Kärntner Landeshauptmanns Jörg Haider, zur Strecke. 1965 wurde einer etwas östlich davon bei Ferlach und ein weiterer bei Eisenkappel erlegt. 1971 erschoss dann ein tapferer Weidmann sogar in Osttirol ein Jungbärlein – angeblich in Notwehr. Eigentlich standen die dem Jagdrecht zugeordneten Bären in Kärnten bereits seit 1957 unter Schutz, doch wurde die Schonzeit auf Drängen der Landwirtschaft zwischen 1964 und 1971 wieder aufgehoben.

Anfangs waren es nur die waldreichen grenznahen Räume, in denen gelegentlich Bären gespürt und gesichtet wurden. Doch 1972 verirrte sich ein Bär, wahrscheinlich aus Slowenien kommend, bis in den Raum Mariazell (Steiermark). Dieser Bär blieb und fühlte sich offensichtlich wohl, vor allem aber wurde er von den steirischen und niederösterreichischen Jägern geschont. Dabei machte der Ötscherbär, so wurde er getauft, immer wieder durch kleine „Flegeleien" auf sich aufmerksam. Er brach gelegentlich Bienenstöcke auf oder funktionierte Rehwildfütterung in bärengerechte Selbstbedienungsrestaurants um. Die Fremdenverkehrswirtschaft gab ihre anfangs gehegten Befürchtungen, die Anwesenheit des Bären könnte Touristen abschrecken, bald auf, und auch die Politik erkannte, dass man mit Bären leben kann. So war es möglich, dass der WWF Österreich dem Ötscherbären eine Lebenspartnerin suchen und zuführen konnte.

1989 wurde vom WWF eine halbwüchsige Bärin aus Kroatien importiert und im Ötschergebiet frei gelassen. Sie erhielt den Namen

Mira. Ein Jahr später wurde ein Bär zwischen Dachstein und Totem Gebirge bestätigt. Doch war nicht festzustellen, ob es sich dabei um einen der nunmehr zwei Ötscherbären oder um einen weiteren Zuwanderer handelt. Als dann ein weiteres Jahr später, im Frühjahr 1991, Mira drei Junge führte, stieg die Zuversicht der am Bärenprojekt Beteiligten. Allerdings war im nachfolgenden Frühjahr nur noch ein Jungbär nachweisbar. Wo die anderen beiden geblieben sind, konnte nie ermittelt werden.

In diesem Zeitraum stiegen in den steirischen Bezirken Murau, Judenburg, Knittelfeld und Leoben sowohl die Beobachtungen von Bären als auch die durch diese angerichteten Schäden. In Kärnten war genau dieselbe Entwicklung zu verzeichnen. Die Zahl der Beobachtungen stieg an, und erstmals seit 1975 mussten wieder Schäden an Bienenstöcken beglichen werden. Erstmals wurde in den Gailtaler Alpen (Kärnten) eine Bärin mit einem Jungen beobachtet.

Der WWF beschloss, das kleine Vorkommen im Ötschergebiet weiter zu stützen und setzte 1992 eine erwachsene Bärin aus Slowenien aus. „Cilka", so ihr Name, blieb aber nicht im engeren Aussetzungsgebiet, sondern streifte in einem riesigen Gebiet rechts und links der steirisch-niederösterreichischen Grenze umher.

Die in der ersten Phase der Einwanderung und aktiven Wiederansiedlung herrschenden Bedenken seitens der Tourismuswirtschaft und der Landwirtschaft hatten sich inzwischen weitgehend zerstreut, auch wenn es regelmäßig zu Schadensfällen kam. Allerdings machte jetzt gelegentlich ein Bär auf sich aufmerksam, der sich im Bezirk Waidhofen an der Ybbs für Müllsäcke interessierte. Um wen es sich handelte, war unbekannt. Möglicherweise derselbe Bär sorgte etwas später weiter westlich für Aufsehen. Er drang bis nach Bad Aussee vor, einem weit über Österreichs Grenzen hinaus bekannten Kurort.

Auch in Kärnten gab es in diesem Jahr Ärger mit Bären. Zunächst war die Freude darüber groß, dass im Weißenseegebiet eine Bärin mit einem Jungen beobachtet werden konnte. Aber dann machte rund um Zell Pfarre in den Karawanken vermutlich ein zugewanderter Jungbär von sich reden, der bis August 20 Schafe riss. Damit kippte die in Kärnten bisher eher bärenfreundliche Stimmung, und die Landwirte stellten bei der Landesregierung einen Abschussantrag. Erfreulicherweise blieb die Landesregierung „hart"! Nach heutigem Wert entstand ein Schaden von lächerlichen 3000 Euro, der den betroffenen Landwirten selbstverständlich ersetzt wurde. Man kann es natürlich auch noch anders sehen, nämlich dass die Bärenschäden, für die die Öffentlichkeit in Kärnten nicht aufkommen muss, da die Jägerschaft auf ihre Kosten eine Haftpflichtversicherung abgeschlossen hat, im Mikrobereich dessen liegen, was die Landwirtschaft damals vom Bund und heute von der EU an Subventionen hält!

1993 kamen bei den „Ötscherbären" insgesamt fünf Junge zur Welt. Drei führte Mira und zwei Cilka. Es wurde vermutet, dass die aus Slowenien stammende Cilka bereits trächtig freigelassen wurde. War dem tatsächlich so, dann bestand noch kein Grund zur Angst vor Inzucht. Doch um ganz sicher zu gehen, setzte der WWF im selben Frühjahr auch noch einen halbwüchsigen männlichen Bären aus, einen Wildfang aus Slowenien. Besonders die männlichen Jungbären (subadulte) sind in der Regel passionierte Wanderer, die gern Neuland erkunden. Doch Djuro zeigte sich eher träge. Er wanderte längst nicht so weit und ständig umher wie Cilka. Dafür sorgte jetzt ein anderer männlicher Bär für Wirbel, sozusagen ein Sohn aus Miras erster Ehe – Nurmi. Seinen Namen erhielt er nach dem finnischen Langstreckenläufer Paavo Nurmi, weil er sich selbst als Langstreckenläufer betätigte. Er zeigte wenig Scheu und Respekt vor Menschen und machte fortlaufend durch Flegeleien auf sich aufmerksam. Mal zerlegte er routiniert Kaninchenställe, dann wieder ließ er Fischteiche auslaufen.

Einen ersten Tiefschlag erhielt das WWF-Projekt im September 1993, als Mira im Lechnergraben bei Lunz verendet aufgefunden wurde. Die genaue Todesursache konnte auch an der Universität für Veterinärmedizin in Wien nicht eindeutig geklärt werden. Aber eines konnten die Untersucher mit Sicherheit sagen: Mira war nicht erschossen worden! Als Todesursache kamen sowohl ein Absturz wie auch eine Kollision mit einem Auto infrage. Jedenfalls waren ihre drei Jungen jetzt Vollwaisen; ob sie ohne Mutter den Winter überleben würden, war sehr fraglich. Eine Woche nach dem Tod der Mutter trennte sich eines der Jungen von den beiden Geschwistern. Alle befürchteten seinen baldigen Tod. Aber der Kleine fand einen verendeten Hirsch, von dem er sich drei volle Wochen hindurch ernährte. Die letzten Spuren von ihm und seinen Geschwistern fand man im November 1993.

Was dann folgte, war fast ein kleines Wunder: Ende März 1994 wurden alle drei Jungbären wieder gesund und munter beobachtet. Noch immer waren zwei zusammen und einer solo. Alle drei haben rasch gelernt, dass man an den mit Kraftfutter gefüllten Rehwildfütterungen leicht satt wird. Und weil sie sich dabei von den Jägern und anderen Menschen beobachten ließen, verzieh man ihnen. Sie wurden zu einer lokalen Attraktion. Einer kam nicht mehr aus dem Winterlager und wurde fortan auch nie mehr gesehen – der alte Ötscherbär, der Ureinwanderer. Wie alt er war, als er nach Österreich ins „Exil" ging, ist nicht bekannt. Obwohl nachgewiesen ist, dass sich Braunbären auch im Alter von 30 Jahren noch fortpflanzen können, werden sie in Freiheit eher selten 20 Jahre alt. Nun lebte der Ötscherbär bereits 22 Jahre in seiner neuen Heimat. Man darf also annehmen, dass er zumindest 25 Jahre alt wurde, eventuell auch älter. Ob ohne seine Zuwanderung heute in den Kalkalpen Bären leben würden, ist durchaus fraglich. Er war es, der nach Jahre andauernder „Einsiedelei" den WWF auf den Plan rief, der schließlich sein Bärenprojekt startete.

In der Steiermark, in Nieder- und Oberösterreich war das Jahr 1994 das an Bärenschäden schwerste überhaupt, gleichzeitig aber Kärnten eines der an Schäden ärmsten. Bereits im April vagabundierte von Oberösterreich kommend ein Bär in der halben Steiermark herum und hatte dabei vor nichts Respekt. Am 30. April kollidierte er auf der Schnellstraße von Bruck nach Graz gleich mit drei Autos und blieb geschockt im Straßengraben liegen. Ein herbeigerufener Tierarzt narkotisierte ihn, woraufhin man ihn zur Rekonvaleszenz in den Tierpark Mautern brachte. Drei Knochenbrüche wurden festgestellt, inklusive der zugehörigen Blutergüsse, doch bereits am 4. Mai ließ man ihn wieder frei. Ruhe kehrte dadurch keine ein. Im Gegenteil. In den Folgemonaten explodierten die Schäden regelrecht. Wie zwölf Jahre später bei Bruno feierten die Medien ihre Panik-Olympiade. Ein Blatt titelt: „Der Bär: Urlauber stornieren und Bauern arbeiten nur noch bewaffnet". Es wird versucht den Bären zu fangen, und schließlich gibt man ihn zum Abschuss frei. Daraufhin wird am 10. September ein Bär im Salzatal in der Steiermark geschossen und ein weiterer am 11. Oktober bei Grünau im Almtal in Oberösterreich. Danach war es ruhig im Bärenland. Die Schäden hörten schlagartig auf. Ob es sich bei einem der beiden erlegten Bären um Nurmi handelte, den man ja die ganze Zeit verdächtigt hatte, ist bis heute ungewiss. Möglicherweise wurden in jenem Jahr nicht nur die beiden eben genannten Bären erlegt, denn ab Frühsommer fehlte von Cilka jede Spur. Dafür hielt sich hartnäckig das Gerücht, dass zwei Bären im Raum Türnitz illegal abgeschossen worden sind, beweisen ließ sich nichts.

Im Folgejahr, 1995, wird eine „Eingreiftruppe" aus Mitarbeitern des Institutes für Wildbiologie und Jagdwirtschaft der Universität für Bodenkultur in Wien, der Wildbiologischen Gesellschaft München und des WWF gebildet. Diese soll künftig „Problembären" den notwendigen Respekt vor dem Menschen und dessen Eigentum beibringen. Seither ist an der österreichischen „Bärenfront" weitgehend Ruhe eingekehrt. Die Schäden halten sich in Grenzen.

## Der Bär im Trentino

Der auf wenige Tiere zusammengeschrumpfte Restbestand an Bären im Adamello-Brenta-Naturpark war Mitte der 90er-Jahre zum Aussterben verurteilt, nicht etwa durch Wilderei, sondern einfach weil es seit Jahren an Nachwuchs fehlte. Die noch lebenden Bären waren zumeist alt. Sie und schon Generationen ihrer Vorfahren waren überdies genetisch völlig isoliert. Den letzten Nachwuchs hatte es 1989 gegeben.

Italien ist ein Land, in dem man Menschen leicht für die Natur begeistern kann. Während beispielsweise in Deutschland die Gebiete, in denen Rotwild geduldet wird, in den letzten Jahrzehnten laufend verkleinert wurden, hat man in Italien neue Rotwildvorkommen begründet. Obwohl in den Abruzzen mehr Schafe weiden und die Bauern ärmer sind als in vergleichbaren Gebieten, toleriert man dort den Wolf, und wenn im Friaul der Bär ein paar Bienenstöcke plündert, dann regt das niemanden sonderlich auf. So war es eigentlich fast zwingend, dass die Provinz Trentino ihren kleinen Bärenbestand erhalten wollte. Als Ziel setzten sich die Trentiner eine vitale Bärenpopulation von mindestens 50 Tieren. Möglich war dies nur durch Aussetzen fremder Bären. Die EU unterstützte dieses Vorhaben im Rahmen ihres Artenschutzprogramms „Life". Federführend vor Ort wurde die Verwaltung des *Parco Nazionale Ada-*

Seit 1999 werden wieder Bären im Trentino angesiedelt. Im Bild die Freilassung des slowenischen Bären Joze im Jahr 2000, der sogleich das Weite suchte. Die im selben Jahr ausgesetzte Bärin Daniza war weniger menschenscheu und musste sich erst mal in der neuen Heimat orientieren.

*mello-Brenta* sowie das *Istituto Nazionale per la Fauna Selvatica, INFS.* (Gesamtstaatliches Institut für Wildbiologie). Das INFS erstellte schon 1998 eine Machbarkeitsstudie, in der nach den Gründen für das Verschwinden der ansässigen Population, nach der Tauglichkeit des Lebensraumes, nach möglichen Konflikten und nach der Einstellung der ansässigen Bevölkerung gefragt wurde. Rund 80 Prozent der befragten Personen sprachen sich für das Projekt aus, vorausgesetzt, dieses würde wissenschaftlich überwacht. Die Studie war ausschlaggebend für die Zustimmung des italienischen Umweltministeriums und der nachgeordneten Behörden. Umgehend wurden Wildhüter und Parkwächter im Umgang mit Bären ausgebildet und ein Notfallteam aufgestellt, das bei Bedarf sofort eingreifen sollte. Im Mai 1999 wurden die ersten beiden in Slowenien gefangenen Bären, ein Männchen (Mašun) und ein Weibchen (Kirka), ausgesetzt. Beide wurden mit Sendern ausgestattet und zweimal täglich gepeilt, sodass man über ihren Aufenthalt bestens Bescheid wusste. Im ersten Jahr blieben sie nahe ihrem Aussetzungsort und verursachten keinerlei Schäden an Bienenstöcken oder Weidevieh. Im Jahr 2000 kamen drei weitere Bären aus Slowenien, ein Männchen (Jože) und zwei Weibchen (Daniza und Irma). Alle drei wurden ebenfalls besendert. Ein Jahr später, im Mai 2001 wurden die slowenischen Bärinnen Jurka und Vida freigelassen. Beide lebten sich zwar gut ein, doch wanderte Vida ostwärts in die Dolomiten ab, rund 100 Kilometer vom Aussetzungsort entfernt. Auf ihrer Wanderung musste sie dicht besiedelte Täler durchqueren, über mehrere Pässe ziehen, und selbst die Brennerautobahn stand ihr im Weg, war aber kein Hindernis. In ihrer neuen Heimat traf Vida auf einen „Landsmann", der schon einige Jahre zuvor über Friaul aus Slowenien eingewandert war. Es gab 2001 aber auch einen kleinen Rückschlag für das Projekt. Ende Mai wurde die Bärin Irma tot unterm Schnee gefunden. Sie war wohl Opfer einer Lawine geworden. Das war insofern besonders betrüblich, weil alle gehofft hatten, sie würde dem Trentino nach zwölf Jahren erstmals wieder Bärennachwuchs schenken.

Fast wäre noch ein Todesfall zu beklagen gewesen. Die in die Dolomiten abgewanderte Bärin Vida hatte es sich anders überlegt und wechselte wieder Richtung Trentino zurück. Beim Versuch, die

Schäden blieben auch im Trentino nicht aus. Bienenstöcke sind für Bären „ein gefundenes Fressen", doch lässt sich mit elektrischen Zäunen ein Bär auch leicht davon abhalten.

Brennerautobahn zu überqueren, wurde sie in der Nacht von einem Auto angefahren. Während der Fahrer unverletzt blieb, schleppte sich Vida noch von der Fahrbahn herunter und blieb in der Nähe unter Schock liegen. Mitarbeiter des Naturparks Adamello-Brenta narkotisierten das Tier und brachten es zur veterinärmedizinischen Untersuchung. Dabei stellte sich eine Fraktur in der Vorderpfote heraus. Vida wurde zur „Reha" kurzzeitig in ein Gehege im Naturpark gebracht. Aus der „Reha" entlassen, blieb sie nur eine Woche, um dann erneut in Richtung Dolomiten aufzubrechen.

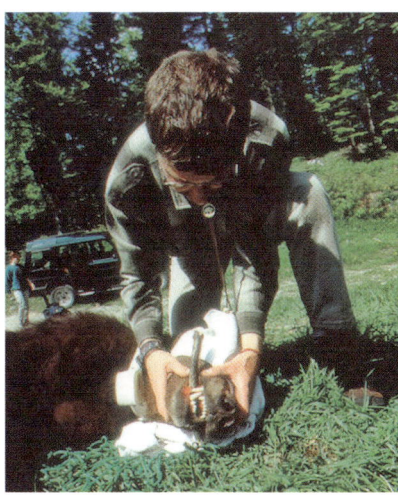

Mašun war der erste im Trentino ausgesetzte Bär. Das Bild zeigt ihn bei einer „Routineuntersuchung" der Nationalparkverwaltung.

Das Jahr 2001 brachte freudige Überraschungen. Die schon 1999 ausgesetzte Kirka wurde bereits im März in Begleitung eines Jungtiers gesehen. Das war insofern erstaunlich, weil Bärinnen, die im Winterlager Junge zur Welt bringen, in der Regel wesentlich länger im Lager bleiben. Oft verlassen sie dieses erst Ende Mai. Etwas anderes fand im Mai statt, nämlich die vorläufig letzte Freilassung slowenischer Bären, zwei Weibchen und ein Männchen. Eines der Weibchen war bereits sechsjährig und damit in bestem Fortpflanzungsalter, was die Parkverwaltung mit dem Satz „Un esemplare bellissimo" quittierte. Vida, die ja im Vorjahr einen Unfall auf der Brennerautobahn hatte, überwinterte zwischen Bozen und Brixen. Im April wechselte sie über den Brenner nach Nordtirol, kehrte aber bald wieder nach Italien zurück. Ende Mai wechselte sie erneut nach Österreich, dieses Mal nach Osttirol. Seither ist sie verschollen.

„Bären haben bei uns in Europa keine natürlichen Feinde", das ist eine oft zu hörende Meinung. Nun sind Lawinen, Steinschlag, Hunger und anderes ja auch natürliche Feinde der Bären. Dass der Bär aber auch tierische Feinde hat, zeigte sich im Frühjahr 2003 im Trentino. Dort wurde ein Jungbär von einem Steinadler geschlagen. Nun muss man wissen, dass Bären bei ihrer Geburt gerade einmal 300 Gramm wiegen. Nur so ist es möglich, dass ihre Mutter erst

Die Bärin Daniza wagt sich auch schon mal auf die Straße.

viele Wochen nach der Geburt das Winterlager mit ihnen verlässt. Sie werden in dieser Zeit ausschließlich mit einer sehr fettreichen Muttermilch ernährt, während die Bärin noch ausschließlich von ihrem im Herbst angefressenen Speck zehrt.

## Der Bär in Südtirol

In den letzten Jahren haben aus dem Trentino eingewanderte Bären auch in Südtirol gleichermaßen für Begeisterung wie für Aufregung gesorgt. Dabei kamen, seit der Bär als reproduzierende Population ausgestorben ist, immer wieder einzelne Bären nach Südtirol und wurden dort auch erlegt. Aber inzwischen darf oder muss man – je nach persönlicher Einstellung – damit rechnen, dass der Bär in Südtirol zumindest zum regelmäßigen Grenzgänger wird. Die Freude über seine Rückkehr wird nicht von allen Südtirolern geteilt. Bauernvertreter und Schafhalter fordern vehement, jeden Zuwanderer sofort zu erschießen. Die Presse hält sich überwiegend neutral bis „verdeckt ablehnend", je nach Klientel, die sie zu bedienen gedenkt. Aber Südtirol ist auch nicht gleich Bayern, wo Bruno schon wenige Tage nach seinem Eintreffen zum Sicherheitsfaktor hochstilisiert und zum Tod durch Erschießen verurteilt wurde. Bei den zahlreichen in den Tageszeitungen und Zeitschriften abgedruckten Leserbriefen dominierten eindeutig jene, die sich für eine Rückkehr des Bären aussprachen. In jenen, die den Bären ablehnten, wurde immer wieder eine akute Gefahr für die Sicherheit der Menschen beschworen. Gerade die dürfte aber nicht gegeben sein. Und mancher brave Leserbriefschreiber wird bei genauerer Betrachtung, wenn er hinterm Steuer seines Autos sitzt, für die Allgemeinheit um Dimensionen gefährlicher sein als ein paar Bären!

Was den Einfluss des Bären auf die Schafhalter betrifft, so brachte in der Südtiroler Wochenzeitung „ff" vom 17. Mai 2005 ein alter Jäger die Sache auf den Punkt. Er schrieb: „*Ein weit größeres Problem als dieser Bär sind die vielen streunenden Hunde, welche immer wieder Schafe und auch Rehe blutrünstig töten. Hier schon sollten bereits bestehende Gesetze und Verordnungen eingehalten werden. Bis heute ist mir nichts zu Ohren gekommen, dass ein Bär in unseren Breiten einen Menschen angegriffen hat. Deshalb wäre es wirklich sehr schade, wenn dieser Bär auch abgeschossen würde, auch wenn mancher Jäger sicherlich seine Freude daran hätte. Es gibt ganz wenige Bären und sehr viele Jäger. Nur in Ulten gibt es zum Beispiel ungefähr 140 Jäger – ich selbst bin einer davon, und das seit 44 Jahren. Und kein Bär wird je eine Plakette tragen, worauf geschrieben steht: ‚Ich bin ein Braver!'*" Franz Breitenberger, Ulten (Altjäger, 80 Jahre)

Bereits im Jahr 2000 und auch 2001 sorgte ein Bär in Südtirol für Schlagzeilen – die schon oben erwähnte Bärin Vida. Eine der letzten Begegnungen mit ihr, ehe sie nach Österreich wanderte und nie mehr auftauchte, hatte der Südtiroler Landesrat Bruno Hosp. Er begegnete ihr auf der Heimfahrt von einer Dienstreise und zeigte sich begeistert: „Es war ein herrliches Erlebnis …!"

Weniger Sympathie schlug einem anderen Trentiner Bären entgegen, der sich im Frühjahr 2005 in Südtirol herumtrieb. Er hatte fünf Nächte in Folge einen abseitig gelegenen Bauernhof bei Völlan aufgesucht und dabei auch fünf Schafe gerissen. Das zuständige Amt für Jagd und Fischerei beschloss eine Vergrämungsaktion. Die gerissenen Schafe hatte man liegen lassen, damit der Bär zurückkehren solle, was er auch tat. Dabei wurde er mit Gummischroten beschossen. Das Problem ist, dass diese sehr leicht sind und nur auf kürzeste Distanz wirken. Befindet sich der Schütze mehr als 20 Meter vom Bären entfernt, zeigt sich dieser kaum beeindruckt. So war es denn auch. Zwar sprang der Bär nach jedem Schuss kurz ab, kehrte aber, mehr als erschrocken war er ja nicht, innerhalb Minuten wieder zu seinem Abendessen zurück.

Inzwischen gingen die Behörden davon aus, dass es sich mit großer Wahrscheinlichkeit um zwei Bären handelte, einer etwa 100 Kilo schwer, der andere etwa sechs Kilo. Einem in der Nacht den Bären auflauernden Mitarbeiter des Amtes für Jagd und Fischerei näherte sich der kleinere Bär bis auf elf Meter. Als er auf diese kurze Entfernung die Gummischrote aufs Hinterteil bekam, nahm er's gelassen und zottelte langsam davon. Es wäre, nach allem, was bisher so über Bären verbreitet wurde, nahe liegend gewesen, dass der Bär den Schützen sofort angegriffen hätte. Aber nichts dergleichen geschah. Menschen waren ihm offenbar völlig gleichgültig. Das Amt beschloss, künftig die Taktik zu ändern. Kadaver sollten nicht mehr liegen bleiben und den Bären zur Rückkehr ermuntern, sondern sofort beseitigt werden. Statt einer ordentlichen Abendjause sollten einen vorher zu Schaden gekommenen Bären nur noch lästige Menschen erwarten.

Der Druck auf die Landesregierung vonseiten der Landwirtschaft nahm zu. Erstmals wurde „der Abschuss als letztes Mittel" erwähnt. Aber Südtirol ist nicht Bayern, Italien nicht Deutschland; noch wollte man es mit „gutem Zureden" versuchen. Und tatsächlich war der größere Bär nach einigen Tagen bereit zu lernen. Er wurde scheuer und vorsichtiger, so berichtete der Jagdaufseher Eduard Gassebner. Ungeachtet dessen beantragte Landeshauptmann Durnwalder in Rom eine Fangerlaubnis. Er hätte natürlich – in Bayern wurde das so gemacht – aus Gründen der öffentlichen Sicherheit den Abschuss des Bären anordnen können. Tatsächlich hat sich der Südtiroler Bär von Menschen weniger beeindrucken lassen als später „Bruno" in Bayern. Der ergriff ja jedes Mal panikartig die Flucht, wenn er Menschen begegnete. Das Amt für Jagd und Fischerei traf Vorbereitungen für eine eventuelle Fangaktion. Dazu musste die Taktik neuerlich geändert werden. Zuletzt hatte man ja alles getan, um den Bären menschenscheu zu machen. Jetzt sollte er

Im Juni 2001 trieb sich die recht wanderfreudige Bärin Vida in Südtirol herum. Ein Forscherteam versuchte mittels einer Richtantenne die Position der Bärin zu orten und ihren Weg zu verfolgen.

wieder Zutrauen fassen, damit man ihn mit einem Köder in die Falle locken konnte. Ungelöst war auch noch die Frage: wohin mit dem gefangenen Bären? Man hätte ein Gehege bauen und den Bären darin zur Schau stellen können. In Bayern wurden 2006 solche Überlegungen angestellt. Eine solche Unterbringung ist aber für Tiere, die aus freier Wildbahn stammen, nach EU-Recht verboten. Inzwischen entschied das Gesamtstaatliche Institut für Wildbiologie INFS, dass der Bär so lange nicht gefangen werden dürfe, als nicht klar sei, wo er wieder ausgesetzt werde. Während man ein Jahr später in Bayern aus Sicherheitsgründen sogar den Betrieb eines Liftes einstellen und Wanderer aus dem Wald weisen ließ, entschloss sich die Gewerbeoberschule in Meran zu einer Umweltwoche am Deutschnonsberg, also dort, wo sich der Bär aufhielt. Der Lehrer erkundigte sich beim Amt für Jagd und Fischerei nach Verhaltensregeln bei Bärenbegegnungen und zog mit seiner Klasse los. Gesehen wurde der Bär dabei nicht. Aber für die Schüler soll die Woche im Bärengebiet ein großes Erlebnis gewesen sein.
Anfang Mai wurden die Vergrämungsaktionen eingestellt. Ab sofort ließ man die Kadaver der vom Bären gerissenen Tiere wieder

Trotz Vergrämungs-aktionen gelang es den Behörden im Mai 2005 nicht, Schafrisse zu vermeiden. Vermutlich waren es zwei Bären, die im Ultental nach langer Winterruhe ihren Eiweißbedarf auf diese Weise deckten.

liegen, damit sie der Bär auch voll nutzen konnte. So wurde verhindert, dass der Bär immer wieder neu zuschlagen musste. Der Chef des benachbarten Naturparks Adamello-Brenta, Andrea Mustoni, empfahl den Südtirolern, sich an das Zusammenleben mit dem Bären zu gewöhnen. Und Heinrich Aukenthaler, Direktor des Südtiroler Jagdverbandes, forderte, den Bären mit einem Halsbandsender auszustatten. Damit hätten ihn die Behörden und Jagdaufseher überwachen und von weiteren „Straftaten" abhalten können. Der Chef des Südtiroler Bauernbundes, Georg Mayr, forderte indes den Abschuss: *„In Südtirol kann es keine Koexistenz mit diesen Wildtieren geben."* Der Förster Eduard Gassebner brachte es auf den Punkt: *„Hier treiben sich auf tausend Hektar Wald unzählige frei lebende Schafe herum. Solange dieses Schlaraffenland für die Bären bleibt und die Schafe nicht an einer Stelle eingezäunt werden, können wir Vergrämen und Einfangen vergessen."*

Vermutlich ein anderer Bär tauchte Mitte Juni 2005 im Nationalpark Stilfser Joch auf. Er hatte sich offenbar seine Menschenscheu bewahrt und hielt sich in über 2000 Meter Seehöhe auf. Aber genau dort oben – im Nationalpark – weiden auf der Oberen Tschenglser Alm unbeaufsichtigt über 400 Schafe. Ein paar Wochen später war in den Medien zu erfahren, ein Bär habe den Yak-Stier des Extrembergsteigers Reinhold Messner mit einem Prankenhieb schwer verletzt. Messner ließ die Meldung umgehend dementieren, was einige Blätter sicher bedauerten. Der Bär hatte allerdings auch ein Alibi.

Er hielt sich zum Tatzeitpunkt nachweislich in der benachbarten Schweiz auf, und die Verletzungen des messnerschen Yak-Stiers erwiesen sich als von anderer Art.

Im September schlug der Abgeordnete der Südtiroler Volkspartei Seppl Lamprecht schärfere Töne an: *„Es kann nicht sein, dass die Wiederansiedlung eines Bären mehr wert ist als die Viehzucht und die Bewirtschaftung der Almen ... Schließlich trauen sich viele nicht mehr zu wandern. Wir müssen deshalb nach Lösungen suchen: Wenn ein Bär mehrere Tiere reißt, muss es eine Möglichkeit geben, zu intervenieren ... Es kann nicht sein, dass ein Lustmörder mehr wert ist als ein Schaf."*

Dieser Verlautbarung folgte eine klare Aussage des Umweltministeriums in Rom, wonach weder ein Abschuss noch eine anderweitige „Entfernung" in Betracht komme.

Wie die Rückkehr von Bär, Wolf und Luchs nach Südtirol von der Jägerschaft, aber auch von den Bauern und der übrigen Bevölkerung aufgenommen wird, darüber sprach ich mit Heinrich Aukenthaler, einem der profiliertesten Jäger des Landes.

## Wie's der Direktor des Jagdverbandes sieht

### Interview mit Heinrich Aukenthaler

Heinrich Aukenthaler wurde 1952 in Freienfeld in Südtirol geboren. Er ist seit 1982 Direktor des Südtiroler Jagdverbandes und war zuvor fünf Jahre als Naturkundelehrer im Südtiroler Schuldienst tätig. Aukenthaler ist Mitglied der Internationalen Jagdkonferenz, der Arbeitsgemeinschaft der Jagdverbände des Alpenraums, der Südtiroler Wildbeobachtungsstelle und der Italienischen Vereinigung der Jagd/Wildfachleute (AIGF).

**Hespeler:** Es war Zufall, dass Bruno nach Bayern wanderte. Er hätte ebenso, zumindest für einige Zeit, in Südtirol bleiben können. In Bayern unterschrieb der Minister, beraten von Bärenexperten, bereits zwei Tage nach Brunos Ankunft dessen Todesurteil, das dann allerdings vorübergehend in lebenslange Haft umgewandelt wurde. Wäre das in Südtirol auch so gelaufen?

**Aukenthaler:** Nein, sicher nicht. Wir hatten ja in den letzten Jahren bereits Bären, auch Problembären, in unserem Land. Unsere Jagdbehörde ersuchte um eine Fangerlaubnis, erhielt diese vom Ministerium in Rom aber nicht. Einen Abschuss zu beantragen, hielten wir weder für notwendig noch für sinnvoll, und selbst die Bärenskeptiker, auch die gibt es in unserem Land, waren sich bewusst, dass es unklug wäre, eine Abschusserlaubnis zu erwirken. Allerdings hat es in Südtirol bei der von Bärenschäden betroffenen Landbevölkerung Stimmen gegeben, die einen Abschuss forderten.

**Hespeler:** Glauben Sie, dass in Südtirol Bevölkerung und Politik besser auf die Rückkehr von Bär und Luchs vorbereitet gewesen wären als jene Bayerns?

**Aukenthaler:** Wir haben uns in der Vergangenheit jedenfalls bemüht, die Leute vorzubereiten. Als Mitte der 90er-Jahre die Bären, vor allem von Osten her, näher rückten, wandten wir uns an die Bevölkerung – mit Zeitungsartikeln, aber auch mit Vorträgen. Wir luden den Schweizer Bärenfachmann Hans Roth nach Sexten ein, dort war ein Bär gesichtet worden. Wir holten den Rumänendeutschen Peter Weber in unser Land, er hielt eine Reihe von Vorträgen. Und schließlich organisierten wir eine für alle zugängliche Fachtagung in Brixen zum Thema Bär und Luchs. Dabei referierten Wolf Schröder, Bernardino Ragni und Urs Breitenmoser, also drei anerkannte Fachleute aus Österreich/Deutschland, aus Italien und aus der Schweiz. Am Ende der Tagung verbreiteten wir ein Statement, mit welchem wir die spontane Rückkehr der früher hier vorkommenden Raubtiere begrüßten.

**Hespeler:** Von Südtirol ist es nicht weit zur Adamello-Brenta-Gruppe und nicht viel weiter nach Friaul oder Kärnten. Dort leben bereits Bären. Halten Sie die Wiederbesiedlung Südtirols für wahrscheinlich?

**Aukenthaler:** Südtirol war, wie wir jetzt wissen, nie ganz bärenfrei. Wir bekamen immer wieder Bärenbesuch aus dem Süden. Dort, im Trentino, nimmt die Bärenpopulation dank des Projektes „Life Ursus" zu und damit auch die Wahrscheinlichkeit, dass einzelne Bären zu uns kommen. Auch vom Osten her ist mit einer gelegentlichen Zuwanderung zu rechnen. Südtirol gehört heute zum

Streifgebiet von Braunbären. Für eine dauerhafte Ansiedlung mehrerer Bären halte ich unser Land für zu dicht besiedelt und zu intensiv bewirtschaftet. Südtirol ist als Bärengebiet weniger gut geeignet als etwa das Trentino oder Friaul oder Osttirol.

**Hespeler:** Wird der Südtiroler Jagdverband die Rückkehr des Bären schweigend hinnehmen oder sich ehrlich freuen?

**Aukenthaler:** Schweigend hinnehmen auf keinen Fall. Wir haben uns vorgenommen, über jede Bärensichtung und jeden Bärennachweis sofort die Behörde und die Öffentlichkeit zu informieren, und zwar möglichst positiv, aber ohne Euphorie, und vor allem ohne Panikmache. Damit wollen wir mehrere Ziele gleichzeitig erreichen: Wenn alle Welt von den Bären spricht, wird der heimliche Übergriff auf den Sohlengänger unwahrscheinlicher, die Hemmschwelle für einen Gewaltakt liegt dann deutlich höher. Zum anderen soll die Bevölkerung wissen, wo sich die Bären herumtreiben. Sind diese scheu und kaum einmal zu sehen, so wird man sich, wie wir dies aus anderen Ländern wissen, daran gewöhnen und nicht viel Aufhebens um die Bären machen. Das wäre die wünschenswerteste Variante. Wir wollen uns aber auch klar dafür einsetzen, problematische oder als gefährlich eingestufte Bären wieder zu entfernen.
Eine gewisse Freude über die Rückkehr früher verschwundener Raubtiere haben viele von uns schon allein deshalb, weil dies einem Gütesiegel für unsere Landschaft, unsere Reviere, unsere Natur gleichkommt, weil wir als Jäger dazu beigetragen haben, dass es mehr Wildtiere in unserem Land gibt und dass die größeren Raubtiere jetzt auch wieder genügend Beutetiere vorfinden.

**Hespeler:** In Südtirol ist der Tourismus ein wichtiger Wirtschaftszweig; glauben Sie nicht, dass Bär und auch Luchs die Gäste vertreiben?

**Aukenthaler:** Die Touristen werden von den Jägern manchmal als Belastung, zumindest als lästig empfunden. Vor allem die sogenannten „Schwammlklauber, also Pilzesammler, sind schon frühmorgens in jedem Winkel des Reviers anzutreffen. Als wieder Bären unser Land durchstreiften, da sagten sich manche Jäger augenzwinkernd: „So, jetzt haben wir mindestens von den Schammlklaubern wieder Ruhe." Im Ernst glaubt das aber wohl niemand.

Die Urlauber werden in unser Land kommen und unsere Landschaft durchwandern, unabhängig davon, ob darin Bären, Luchse oder Wölfe vorkommen. Es könnte allenfalls zu vorübergehenden Hysterien kommen, wenn in den Medien eine Zeitlang von Bär- oder Wolfsichtungen berichtet wird. Im Normalfall ziehen diese Tiere aber eher Wanderer an als sie abzuschrecken, wie wir zum Beispiel aus der Schweiz wissen.

**Hespeler:** In Südtirol werden aber auch viele Schafe auf die Almen getrieben …

**Aukenthaler:** In der Tat dürften Wolf, Bär und Luchs für die Schafzüchter das größte Problem sein. Es ist zu einfach zu sagen, den Schafhaltern werden die gerissenen Tiere ja vergütet. Dasselbe gilt für alle Wildschäden. Wir Jäger dürfen nicht sagen, die Bauern bräuchten wegen der Wildschäden nicht zu klagen, „wir zahlen sie". Der Bauer hat ein Recht, die Früchte seines Fleißes zu ernten, die Tiere, die er züchtet, zu verwerten, wie er es für richtig hält. Von den Kleintierhaltern werden die größten, berechtigten Bedenken gegen das Großraubwild kommen.

**Hespeler:** Wer kommt in Südtirol für Schäden auf, die durch Großraubwild verursacht werden?

**Aukenthaler:** Die Schäden werden vom Land vergütet. Der im Jahr 2005 durch Südtirol wandernde Bär hat ziemlich einige Schafe gerissen. Das Land hat dafür über 4000 Euro ausgegeben, die gerissenen Schafe wurden gut bezahlt. Natürlich dürfen die Schadensforderungen nicht ausufern, denn das Land muss seine Ausgaben auch verantworten. Eine Regelung nach dem Schweizer Modell wäre für unser Land sinnvoll: dass man eine obere Schadensgrenze pro Bär oder Luchs oder Wolf festlegt. Wenn ein Einzeltier mehr reißt, dann muss es der Wildbahn entnommen werden.

**Hespeler:** Der Naturschutz ist in Italien sehr stark; wird es da politisch möglich sein, echte Schadbären zu erlegen?

**Aukenthaler:** Die Naturschutzkreise argumentieren oft stark emotional, und die Emotionen verfangen bei einer Mehrheit der Bevölkerung. Es wäre vermutlich sehr schwer, einen Konsens für einen Abschuss zu erreichen. Da müsste schon einem Menschen etwas zustoßen, damit die öffentliche Meinung gegen Bär oder Wolf kippt. Nachdem ein gewisser Teil der Naturschützer den Jägern unterstellt, blutrünstig auf den Abschuss aus zu sein, ist es für die Jäger klüger, keinen Abschuss zu fordern, sondern allenfalls eine Narkotisierung und anschließende Entnahme des lebenden Tieres aus dem Schadgebiet.

**Hespeler:** Der Luchs ist bereits nach Südtirol zurückgekehrt, auch wenn man ihn noch nicht als Standwild bezeichnen kann. Das Reh ist seine Lieblingsbeute; werden da Südtirols Jäger überhaupt noch gebraucht?

**Aukenthaler:** Vor 25 Jahren ist der erste Luchs in Südtirol aufgetaucht. In den 90er-Jahren gab es immer wieder Sichtungen, und dies ist bis heute so geblieben. Letzthin sollen sogar Jungluchse gesehen worden sein. Gegenwärtig ist der Luchs noch kein Problem für den Rehwildbestand. Da verursachen die herrenlosen oder streunenden Hunde weit größere Ausfälle. Wir haben in der Mitte der 90er-Jahre unter den Jägern einmal eine Fragebogenaktion zum Luchs durchgeführt. Die deutliche Mehrheit hat sich für den Luchs ausgesprochen. Ich denke, dass es für viele Jäger ein Erlebnis wäre, einen Luchs im Revier zu sehen, und spannend wäre, den Luchs neben sich im Revier zu wissen. Dieser Erlebniswert wiegt, so denke ich, den Nachteil auf, den die Jäger bei der Anwesenheit des Luchses haben würden, weil die Rehe dann schwerer zu erbeuten sind. Wären mehr Luchse da, die Jagd würde es trotzdem brauchen. Und ich glaube nicht, dass in Südtirol deshalb recht viel weniger Rehe von den Jägern erlegt werden könnten. Zurzeit sollen 10.000 Stück pro Jahr zur Strecke kommen. Um ein- bis zweitausend Stück werden die Abschusspläne unterschritten, das heißt, dass sich die Natur doch noch einiges holen kann und könnte.

**Hespeler:** Thematisiert der Südtiroler Jagdverband die Rückkehr des Großraubwildes, und wie bereitet er seine Mitglieder darauf vor?

**Aukenthaler:** Das Großraubwild ist eines unserer wichtigsten Themen, sei es für die Öffentlichkeit, sei es auch für die eigenen Mitglieder. Wir haben uns in den letzten Jahren mit Artikeln und Interviews oft zu Wort gemeldet. Die lokalen Medien nahmen das

Thema dankbar an. Das hatte zur Folge, dass wir von einem Teil der Bevölkerung zunächst als Bärenfachleute wahrgenommen wurden. Es passiert mir immer wieder, dass ich auf der Straße oder in einem Geschäft angesprochen werde, wie es um die Bären im Lande stehe. Das Interesse für den Bären Bruno hat ja bewiesen, mit welch übergroßer Aufmerksamkeit die Rückkehr des Großraubwildes verfolgt wird.

Für die eigenen Mitglieder ist unsere Jägerzeitung das wichtigste Informationsmittel. In unserer Verbandszeitschrift habe ich oft vor allem über die Bären geschrieben. Vereinzelt habe ich auch schon Kritik gehört, wir würden uns zu viel mit den geschützten Arten befassen. Wir können mit unserer bisherigen Arbeit zufrieden sein, lassen deswegen aber nicht nach. Bär, Wolf und Luchs bleiben ein Kernthema für uns.

**Hespeler:** Wer stellt eigentlich fest, ob nun ein Schaf vom Luchs oder von streunenden Hunden gerissen wurde?
**Aukenthaler:** Wenn heute eine Schadensforderung wegen eines Raubtierrisses gestellt wird, so beauftragt die Landesregierung die eigenen Leute vom Amt für Jagd und Fischerei. Es sind dies ausgebildete Jagdaufseher, welche gute Kenntnisse haben.

**Hespeler:** Die Südtiroler Jagdaufseher haben eine anerkannt gute Ausbildung, aber mit Großraubwild sicher keine Erfahrung. Wie werden sie darauf vorbereitet?
**Aukenthaler:** Vor etwa zehn Jahren haben wir unsere 90 hauptberuflichen Jagdaufseher im Erkennen von Raubtierrissen geschult. Als Referentin konnte wir Petra Kascenzky gewinnen, die zusammen mit anderen Autoren ein praktisches Büchlein verfasst hatte. „Wer war es?" heißt diese Broschüre, die wir natürlich den Berufsjägern und anderen interessierten Personen weitergegeben haben. Wann immer es in der Folge luchsverdächtige Risse gegeben hat und diese auch gemeldet wurden, haben wir uns um eine genaue Klärung bemüht. Dabei kam uns Prof. Bernardino Ragni von der Universität Perugia, ein Fachmann ersten Ranges, mehrmals zu Hilfe. Er ist auch nach Südtirol gekommen, um gerissene Rehe zu untersuchen. Einmal war er bei einem Seminar in der Jägerschule Hahnebaum dabei und zeigte vor einer Gruppe von Kursbesuchern

an einem Stück, woran man die Rissspuren des Luchses erkennt. In den meisten der untersuchten Fälle lautete seine Diagnose allerdings: Hunderiss.

**Hespeler:** Bis jetzt gab es mit dem Luchs noch keinen nennenswerten Ärger. Worauf führen Sie das zurück?

**Aukenthaler:** Es stimmt, der Luchs ist für die Südtiroler Jäger, aber auch für die Kleintierzüchter, bislang kein Problem. Das hängt damit zusammen, dass der Luchs immer noch sehr selten ist. Sichtungen gibt es kaum einmal. In den letzten Jahren scheint die Rehwilddichte abgenommen zu haben. Kein Mensch kommt auf die Idee, dieses Phänomen auf die Luchse zurückzuführen. Als Gründe für den Rehrückgang werden genannt: Mähverluste, Straßenverkehr, wildernde Hunde, Krankheiten, dichtere Wälder, häufigere Störung.

**Hespeler:** Südtirol wird aber auch von einigen großen Verkehrsadern durchschnitten: der Brennerstrecke, dem Etschtal, dem Pustertal. Was, wenn es zu einer Kollision mit Bär oder Luchs kommt?

**Aukenthaler:** Der Straßenverkehr ist in Südtirol für alle Wildtiere, die einen größeren Raumbedarf haben, ein ernstes Problem. Allein auf der Brennerautobahn verkehren jährlich Millionen von Fahrzeugen. Die Autobahn und die Schnellstraße Bozen–Meran sind zwar abgezäunt, einzelne Stücke gelangen trotzdem immer wieder auf die Fahrbahn und kommen meist unter die Räder. Für die Bärin Vida, die im Jahr 2001 unser Land durchwanderte, war der Zaun kein Hindernis. Sie ist einfach darüber geklettert, wie man an den Spuren nachweisen konnte. Leider ist sie beim Überqueren der Autobahn südlich von Bozen von einem Pkw angefahren und verletzt worden. 2005 hat es im Trentino einen weiteren Zusammenstoß eines Autos mit einem Bären gegeben, und auch der Bär Bruno soll auf seiner Wanderschaft angefahren worden sein. Unfälle auf der Straße wird es immer geben. Aus den wenigen Fällen kann man sogar ableiten, dass sich die Bären in Bezug auf Straßenverkehr etwas riskanter verhalten als die Luchse. Es bleibt zu hoffen, dass Menschen und Bären nie ernstlich zu Schaden kommen.

**Hespeler:** Mit Bär und Luchs mögen Sie ja klarkommen. Aber vor Südtirols Haustür steht auch der Wolf. Was dann?

**Aukenthaler:** „Canis lupus ante portas". Das Thema hat uns beschäftigt und bereits für einige Aufmerksamkeit gesorgt. Bei einem ersten Treffen mit einer Gruppe von Wolfsfreunden haben wir aber davor gewarnt, den Wolf zu thematisieren, noch bevor er da ist. Trotzdem haben wir einige Artikel dazu veröffentlicht. Ich habe in der Südtiroler Kulturzeitschrift „Der Schlern" darüber geschrieben, dass die Wölfe zurückkehren. Ein Bedenken habe ich dabei geäußert: dass es Probleme geben könnte, wenn die Wölfe erst einmal größere Weidetiere, etwa Pferde, reißen. Den letzten Satz des Artikels darf ich zitieren: „Ganz verschwinden wird Isegrim aus dem Alpenraum kaum mehr. Dazu ist unser Verständnis für die Wildtiere zu weit im Positiven fortgeschritten."

**Hespeler:** Herr Aukenthaler, herzlichen Dank für das Gespräch.


## Der Bär in der Schweiz

In der Schweiz wartet man schon lange auf die Rückkehr des Braunbären, zumindest im Schweizerischen Nationalpark. Dieser liegt in Graubünden, genauer gesagt im Engadin, direkt an der Grenze mit Italien. Zum Adamello-Brenta-Naturpark sind es Luftlinie kaum mehr als 60 Kilometer. 2005 traf im Nationalpark ein erster „Pionier" ein – JJ2, Brunos Bruder.

Am **26. Juli** setzte die Verwaltung des Schweizerischen Nationalparks in Zernez in aller Eile eine Mitteilung folgenden Inhalts an die Medien in Umlauf:

> ### Medienmitteilung vom 26. Juli 2005
> *Am Ofenpass hält sich möglicherweise ein Braunbär auf: Drei Personen geben an, am Abend des 25. Juli 2005 einen ausgewachsenen Bären gesehen zu haben. Mitarbeiter des Amtes für Jagd und Fischerei Graubünden und des Schweizerischen Nationalparks haben den Beobachtungsort untersucht und dabei Indizien für die Anwesenheit von Meister Petz gefunden. Ein Beweis für die Rückkehr des Braunbären steht aber noch aus.*

*Gestern Abend um 21.00 Uhr traute Franz Häfliger, Naturfreund und Jäger aus dem Kanton Luzern, vorerst seinen Augen nicht: Beim Wildbeobachten am Ofenpass entdeckte er mit dem Fernglas auf rund 600 Meter Distanz einen ausgewachsenen Braunbären, der innerhalb des Waldes auf eine Freifläche trat. Gabriela Häfliger, die Ehefrau von Franz, konnte unmittelbar später die Beobachtung bestätigen. Und dies gelang auch durch einen vorbeifahrenden und herbeigerufenen unabhängigen Zeugen, Erwin Tscholl aus dem Südtirol. Sie konnten den Bären rund 20 Minuten sitzend und umhertrottend beobachten. Beim Versuch, dem Bären näher zu kommen und zu fotografieren, ergab sich bei hereinbrechender Dunkelheit kein weiterer Sichtkontakt.*

*Je zwei Mitarbeiter des Amtes für Jagd und Fischerei und des Schweizerischen Nationalparks begaben sich heute zur Beobachtungsstelle, die gut einen Kilometer ausserhalb der Nationalparkgrenze liegt, um den Fall zu verifizieren. Bei ihrer Untersuchung vor Ort konnten sie entlang einer 60 Meter langen Strecke auf dem rasigen Boden drei frisch umgedrehte Steinbrocken und sechs vor kurzem bearbeitete Totholzstücke finden. Dies könnte darauf hindeuten, dass hier ein Bär nach Insekten und deren Larven gesucht hat. Ein schlüssiger Beweis für die Anwesenheit eines Braunbären, zum Beispiel der Fund eines Kothaufens, steht jedoch aus. Sofern es sich tatsächlich um Meister Petz handelt, darf man aber erwarten, dass sich in nächster Zeit weitere Sichtbeobachtungen und Spurenfunde ergeben. Da in der Vergangenheit wiederholt sogenannte Bärenbeobachtungen gemeldet wurden, die sich als falsch erwiesen haben, ist es am Platz, dem aktuellen Fall vorerst mit kritischer Zurückhaltung zu begegnen.*

*Dass ein Braunbär sich in der Nähe der Schweizer Grenze aufhält, war bekannt: Zwischen Mitte Juni und Mitte Juli 2005 wurde ein Bär mehrfach im benachbarten Südtirol, im Raum Sulden-Prad festgestellt. Der letzte dortige Nachweis datiert vom 17. Juli 2005. Es könnte gut sein, dass dieses Tier seine Wanderung Richtung Schweiz und Ofenpass fortgesetzt hat. Der Braunbär stammt mit grösster Wahrscheinlichkeit aus dem Wiederansiedlungsprojekt im italienischen Naturpark Adamello-Brenta im Trentino. Das Wiederauftreten von Braunbären ist als Rückkehr eines echten Stücks Natur zu würdigen und zeigt, dass unsere heimische Landschaft*

*auch solch grossen Kreaturen nach wie vor Raum bieten kann.*
*Konflikte mit dem Menschen in den Bereichen Landwirtschaft und*
*Imkerei sind nicht auszuschliessen. Das Beispiel Österreich, wo*
*heute wieder 20–25 Bären leben, zeigt aber, dass mit geeigneten*
*Massnahmen ein Nebeneinander von Mensch und Braunbär auch*
*in den Alpen durchaus möglich ist.*
*Das Amt für Jagd und Fischerei und der Schweizerische National-*
*park bereiten ein Merkblatt für das Verhalten bei Begegnungen mit*
*Braunbären vor. Weitere Auskünfte und Meldung von Bärenbeob-*
*achtungen:*
*Schweizerischer Nationalpark*
*Prof. Dr. Heinrich Haller, Direktor SNP; Tel. 081 856 12 82*
*Hans Lozza, Leiter Kommunikation SNP; Tel. 081 856 12 82*
*Amt für Jagd und Fischerei Graubünden*
*Hannes Jenny, Wildbiologe; Tel. 081 257 38 93*

Die Mitteilung schlug ein wie eine Bombe und löste bei vielen
Schweizern eine Hurra-Stimmung aus. Zwei Tage später folgte eine
neue Mitteilung an die Medien, in der bestätigt wurde, dass der Bär
am Morgen desselben Tages innerhalb des Nationalparks beobachtet wurde. Der glückliche Beobachter war der Göttinger Forst-
student Maik Rehnus, der im Schweizerischen Nationalpark ein
Praktikum absolvierte. Er befand sich am frühen Morgen auf Gamsbeobachtung in einem Seitental des Ofenpassgebietes. Recht spät,
acht Minuten nach sieben Uhr, sah er den Bären und reagierte sofort. Maik Rehnus hatte seine Digitalkamera dabei. Doch die Entfernung war weit. Also setzte er flugs sein Spektiv (ein langes
Ausziehfernrohr für die Gamsbeobachtung) vor die Digitalkamera
und drückte ab. Gestochen scharfe Bilder durfte er mit dieser im-
provisierten Technik nicht erwarten, aber ein Belegfoto gelang. Der
Bär war nicht nur einwandfrei zu erkennen, sogar sein ausgeprägter
Höcker zeichnete sich auf dem Foto klar ab. Ein Bär mit ebenso
auffallendem Höcker wurde bereits Mitte Juni und Mitte Juli im
benachbarten Südtirol gesehen und ebenfalls fotografiert. Bis dorthin war es nicht weit.
Jetzt nur keine Panik auslösen, dachte die Nationalparkleitung, weder Ängste noch zu große Hoffnungen wecken! Andererseits kam
der Bär ja nicht ganz unerwartet. Seit Jahren hoffte man in der

Schweiz auf seine Rückkehr. Bereits 1997 hatte man im Museum Schmelzgra in S-charl, einer kleinen Gemeinde am Rande des Nationalparks, vorsorglich eine Dauerausstellung eröffnet. Nicht nur die heimische Bevölkerung, auch die zahlreichen Besucher des Nationalparks sollten auf die Rückkehr des Bären sachlich vorbereitet und informiert werden. Sofort wurde ein Merkblatt gedruckt und überall im Nationalpark und in den angrenzenden Gebieten ausgehängt. In ihm wurde die Bevölkerung darüber informiert, wie sie sich bei Begegnungen mit dem Bären verhalten solle. Die im Engadin ansässige Bevölkerung bekam das Merkblatt mit der Post ins Haus geschickt. Zusätzlich lag beim Nationalpark eine kostenlose Broschüre auf, mit deren Hilfe jeder sein „Bären-Wissen" vertiefen konnte.

**Am 30. Juli** riss der Bär knapp außerhalb des Nationalparks ein Kalb, das man selbstverständlich liegen ließ, damit es der Bär völlig nutzen konnte. Natürlich wurde das bekannt und natürlich fanden sich in der Nähe Abend für Abend Hunderte Besucher ein, die alle einen Bären in freier Wildbahn sehen wollten. Der Bär hatte Erlebniswert! Leider gab es auch unvernünftige Besucher, die nicht bereit waren, eine angemessene Distanz zum Bären einzuhalten. Man wollte daheim möglichst spektakuläre Fotos vorzeigen. Die Nationalparkverwaltung reagierte sofort und mahnte die Besucher zur Besonnenheit. Aber auch das Amt für Jagd und Fischerei in Graubünden reagierte gleichermaßen sofort wie vernünftig und teilte mit, man werde eine Vergrämungsaktion starten, falls der Bär nochmals in Straßennähe (dort lag das geschlagene Kalb) auftauchen sollte. Normalerweise wäre das Auftauchen in Straßennähe überhaupt kein Problem gewesen und keineswegs „abnorm", aber die fehlende Disziplin eines Teils der Bären-Schaulustigen ließ eine Vergrämung ratsam erscheinen. Offiziell hat die Aktion dann zwar nicht stattgefunden, aber fortan hielt sich Meister Petz diskret im Hintergrund.

**Am 12. August** fanden in Tschierv zwei Vorträge zum Thema Bär statt, zu denen zwei prominente Fachleute gewonnen wurden. Friedolin Zimmermann von der KORA in Bern sprach über: „Leben mit dem Bären? Vergangenheit, Gegenwart und Zukunftsperspektiven des Braunbären in der Schweiz". Georg Rauter, Bärenanwalt des WWF aus Österreich, der 2006 auch zum Beraterstab von Bayerns Umweltminister Werner Schnappauf gehörte, referierte unter dem Titel: „Der Bär ist kein Haustier: Über den Umgang mit Bären".

**Am 16. August** meldete sich das Amt für Jagd und Fischerei in Graubünden neuerlich. Man hatte inzwischen eine Speichelprobe des Bären sichergestellt und daraus eine DNA-Analyse gefertigt, die zwar bestätigte, dass der Speichel vom Bären stammte, jedoch nicht von welchem. Seine genaue Identität blieb folglich ungeklärt. Man nahm aber an, dass es sich um jenen Bären handelte, der sich zuvor längere Zeit in Südtirol aufhielt.

Am Vortag hatten Wanderer auch ein totes Schaf gefunden, das von den speziell geschulten Wildhütern eindeutig dem Bär zugeordnet werden konnte. Inzwischen prüfte das Amt schon vorbeugend den Einsatz von Herdenschutzhunden, wie sie auch für die Wolfsprävention eingesetzt werden. Ganz vorsichtig wurde die Bevölkerung auf weitere Haustierverluste vorbereitet.

Eine Woche lang war über den Bären nicht mehr viel zu hören; er hatte sich diskret in die Wälder zurückgezogen. Doch am 22. August gab es drüben, im benachbarten Südtirol, eine Pressemitteilung des dortigen Amtes für Jagd und Fischerei in Bozen folgenden Inhalts:

**Pressemitteilung Amt für Jagd und Fischerei Bozen/Südtirol**
Das Amt für Jagd und Fischerei in Bozen/Südtirol teilt mit, dass am letzten Wochenende im Obervinschgau, in der Gemeinde Mals, ein Bär gesichtet wurde. Hirten haben ihn auf ca. 2600 m ü.M. in unmittelbarer Nähe der Schweizer Grenze beobachtet. Mit großer Wahrscheinlichkeit handelt es sich hierbei um jenen Bären, welcher sich in den letzten Wochen in Graubünden aufgehalten hat.

Die Anwesenheit des Braunbären in Südtirol geht auf die Auswilderungsaktion im Rahmen eines LIFE- Projektes im Brentagebiet in der Provinz Trentino zurück.

Mitte April 2005 wanderte der Bär nach Südtirol und wurde bei Völlan erstmals gesichtet. Nach gut einem Monat Aufenthalt im Großraum Ultental–Deutschnonsberg–Gaid zog er weiter und tauchte Mitte Juni im Gebiet des Nationalparks Stilfser Joch wieder auf. Hier nutzte er vorwiegend das oberhalb der Waldgrenze liegende Gebiet zwischen Sulden und dem Laaser Tal. Der letzte gesicherte Nachweis im Nationalpark Stilfser Joch erfolgte Mitte Juli. Eine

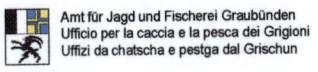
Amt für Jagd und Fischerei Graubünden
Ufficio per la caccia e la pesca dei Grigioni
Uffizi da chatscha e pestga dal Grischun

PARC
NAZIUNAL
SVIZZER

# Der Bär ist ein Raubtier: Halten Sie Distanz !

Am 28. Juli 2005 konnte im Schweizerischen Nationalpark seit beinahe 100 Jahren der erste sichere Nachweis des Braunbären für Graubünden und die Schweiz erbracht werden. In der Regel ist die Wahrscheinlichkeit einen Bären zu treffen gering. Von Natur aus versucht er dem Menschen so früh wie möglich aus dem Weg zu gehen.

**Was tun, wenn ich im Bärengebiet unterwegs bin**
Halten Sie sich an die offiziellen Wanderwege. Wenn Sie sich unsicher fühlen, machen Sie sich durch Reden oder Singen bemerkbar.

**Was tun, wenn ich einen Bären sehe**
Wenn Sie einen Bären sehen, tun sie alles, um ruhig zu bleiben! Bleiben Sie stehen und machen Sie den Bären durch lautes Reden und Bewegen der Arme auf sich aufmerksam. Rennen Sie nicht weg und **versuchen Sie auf keinen Fall, sich ihm zu nähern.** Versuchen Sie nicht den Bären mit drohenden Gesten und unkontrollierten Bewegungen zu verscheuchen. Bewerfen sie den Bären auch nicht mit Gegenständen und verzichten sie auf den „Bärenschnappschuss".

**Was tun, wenn sich ein Bär aufrichtet**
Dies ist keine Drohgebärde! Bären sind neugierig und richten sich auf, um die Lage zu erkunden. Auch hier gilt: bleiben Sie stehen und machen Sie durch ruhiges Sprechen auf sich aufmerksam.

**Was tun, wenn ein Bär angreift**
Legen Sie sich flach mit dem Bauch auf den Boden, die Hände im Nacken. Der Bär wird Sie beschnuppern und feststellen, dass Sie keine Gefahr für ihn darstellen. Warten Sie, bis sich der Bär weit genug entfernt hat.

**Konflikte sind möglich**
Bären können auch Konflikte, vorab mit der Landwirtschaft, verursachen. Sie können Haustiere reissen (Abwehrmassnahme: Behirtung), Bienenstöcke und Bienenhäuser auf der Suche nach Honig und Larven demolieren (Elektrozäune) sowie Siloballen aufreissen (Elektrozäune).

**Füttern verboten!**
Haben Bären erst einmal den Menschen als Nahrungslieferanten erkannt, ist es aus mit der Scheu vor menschlichem Geruch. Darum gilt: Füttern Sie nie einen Bären! Dies kann leicht auch ungewollt geschehen, zum Beispiel indem man auf einer Wanderung Essensreste (Bananenschalen) liegen lässt. Komposthaufen und Kanister mit Rapsöl (Forst) sind ebenfalls mögliche Futterquellen für Bären.

Falls Sie einen Braunbären beobachten oder Fragen haben, kontaktieren Sie bitte eine der folgenden Stellen:

| | |
|---|---|
| **Schweizerischer Nationalpark** | **081 856 12 82** |
| **Amt für Jagd und Fischerei Graubünden** | **081 257 38 92** |
| **(Örtliche Wildhüter:** Zernez | 079 406 75 29 |
| Val Müstair | 079 433 67 75 ) |

PS: Sie können sich in der Bärenausstellung im Museum Schmelzra in der Val S-charl näher informieren. In der Ausstellung „Phänomen Bündner Jagd" vom 12.8.–4.9.2005 in Fuldera können Sie den letzten Bären der Val Müstair besichtigen.

Dieses Merkblatt wurde von den Behörden an die Bevölkerung per Post geschickt.

Woche später wurde er in Graubünden im Gebiet des Ofenpasses neuerlich beobachtet. Die Rückkehr des Braunbären in die Schweiz nach über hundertjähriger Abwesenheit löste hier einen wahren Bärenboom beziehungsweise -tourismus aus. Zu Hunderten wollte man den Bären beobachten und fotografieren. In ihrer Begeisterung versuchten einige Personen sogar, sich dem Bären zu nähern.

Um dieser Art des „Tourismus" vorzubeugen, haben sich die Verantwortlichen dies- und jenseits der Grenze dazu entschlossen, den Aufenthaltsort des Bären nur mehr großräumig bekannt zu geben. Meldungen von eventuellen Sichtungen des Bären werden beim Amt für Jagd und Fischerei in Bozen, Tel. +39 0471 415 168 entgegengenommen.

Der Bär war also wieder zurück nach Südtirol. Ob er das im Engadin gesprochene Rätoromanisch nicht verstand oder ob er einfach dem um ihn entstandenen Rummel entgehen wollte, hat er nie gesagt. Fakt ist, dass sowohl die Südtiroler wie die Graubündner Behörden absolut besonnen und sachlich reagierten.

Für den 25. August hatte die Nationalparkverwaltung ebenfalls zu einer Informationsveranstaltung eingeladen. Dabei kam sowohl der Sankt Galler Wildbiologe und Bärenforscher Hans Roth zu Wort als auch der schon in Tschierv referierende Friedolin Zimmermann aus Bern. Sachliche Information statt Panikmache, das war das oberste Anliegen der Schweizer Verantwortlichen.

**Am 29. August** meldete sich wieder das Amt für Jagd und Fischerei in Graubünden zu Wort, denn es gab inzwischen wieder eine Beobachtung auf Schweizer Boden. Immerhin hofften zahlreiche Schweizer, der Bär würde die ihm von ihnen angetragene eidgenössische Staatsangehörigkeit auf Dauer annehmen …

Sie mussten sich gedulden, denn zur Abwechslung verbrachte der Bär einige Zeit in der Nähe von Nauders in Nordtirol, ehe er sich wieder im Unterengadin blicken ließ. Inzwischen lief die in Graubünden drei Wochen dauernde „Hochjagd", und ein Teil der Jäger wurde wegen des Bären unruhig. Sie hatten Angst, seine Anwesenheit könnte ihnen das Wild vergrämen. Doch die Pro-Bär-Stimmung in der gesamten Schweiz schlug wegen der Bedenken der paar Jäger nicht um! Doch dann kam ein sehr kritischer Augenblick, wo die Stimmung zumindest bei den Bauern zu kippen drohte. Der Bär hatte in der Val d'Assa, auf dem Gemeindegebiet von Ramosch, 22 Schafe gerissen. Die meisten von ihnen waren offensichtlich abgestürzt, weil sie beim Erscheinen des ihnen unbekannten Bären in Panik davonliefen. Einige der toten Schafe hatte der Bär anschließend gefressen. Die zuständigen Stellen stellten keinen Schießbefehl aus und orderten keine Hundemeuten. Stattdessen erklärten sie warum und wieso und vermittelten wildbiologisches Grundwissen. Man ging auch nicht auf „Tauchstation". Ganz im Gegenteil, das Amt richtete eine Hotline ein, über die jeder fundiert Auskunft erhielt. Mit verbalem Sprengstoff wie „außer Rand und Band" oder „Problembär", wie später bei Bruno in Bayern, wurde die Stimmung nicht aufgeheizt. Man ließ den Bären in Ruhe, und die wurde von ihm honoriert.

Während knapp ein Jahr später aus den Schlagzeilen der bundesdeutschen Tageszeitungen und Magazine Ströme von Schafsblut flossen und Bruno zum Killer hochstilisiert wurde, hatte eine große Schweizer Tageszeitung einen Wettbewerb ausgeschrieben, mit dem ein Name für den Bären gefunden werden sollte. Am 1. Oktober, einem Samstag, lud der „Sonntagsblick" dann nach S-charl ins Museum Schmelzra ein, wo der Bär – in Abwesenheit – auf den Namen Lumpaz getauft wurde. Erst einmal getauft, verdünnisierte sich Lumpaz. Ob er dies in den Schweizer Wäldern tat oder ob er wieder in seine italienische Heimat zurückwechselte, blieb unbekannt. Auf alle Fälle wurde er seither nicht mehr gesehen. Ende Juli meldete die „Neue Südtiroler Tageszeitung" unter Berufung auf drei „zuverlässige" Informanten, dass JJ2 im Vinschgau gewildert worden war. Die Landesverwaltung dementierte, da keine Beweise vorlagen. Doch mittlerweile geht auch das Land davon aus, dass der Bär erlegt worden sei. In Beantwortung einer Anfrage der Grünen-Landtagsabgeordneten Cristina Kury schreibt Landeshauptmann Luis Durnwalder: *„Beim Amt für Jagd und Fischerei geht man zwar davon aus, dass der Bär JJ2 nicht mehr am Leben ist. Es fehlen aber konkrete Anhaltspunkte bzw. Indizien, dass er illegal geschossen worden sein könnte."* Man sehe jedoch keinen weiteren Handlungsbedarf: *„Sollte JJ2 tatsächlich widerrechtlich erlegt worden sein, so ist dies primär eine Angelegenheit der Staatsanwaltschaft,"* so der Landeshauptmann. Laut Gesetz wird der Abschuss eines Bären mit einer Freiheitsstrafe von drei Monaten bis zu einem Jahr sowie mit einer Geldbuße von 1.000 bis 60.000 Euro geahndet.

Das Verdienst Lumpaz' ist es jedenfalls, zusammen mit dem Nationalpark und anderen Behörden die Schweizer Bevölkerung in dienlicher Form auf die endgültige Rückkehr seiner Art vorbereitet zu haben! Wie die Stimmung ist, mit welchen Reaktionen man beim nächsten Bärenbesuch rechnen muss oder darf, das macht Heinrich Haller im folgenden Interview deutlich.

## Wie's der Direktor des Nationalparks sieht

### Interview mit Heinrich Haller

 Heinrich Haller wurde 1954 in Davos geboren. Er absolvierte sein Studium der Zoologie, Botanik und Geografie an der Universität Bern, promovierte dort 1982 und habilitierte sich 1991 an der Universität Göttingen. Von 1993 bis 1996 arbeitete er als Konservator des Naturmuseums St. Gallen. Seit 1996 ist er Direktor des Schweizerischen Nationalparks. 1998 wurde er zum außerplanmäßigen Professor an der Universität Göttingen ernannt.

**Hespeler:** Auf den Tag genau elf Monate ehe die Bayern den Bären Bruno erschossen, wanderte sein Bruder im Schweizerischen Nationalpark ein. Es hätte nicht viel gefehlt, und Bruno wäre auch gekommen; er war dem Nationalpark sehr nahe. Wie hätte man ihn in Graubünden aufgenommen?

**Haller:** Hoffentlich freundlicher! JJ2, alias Lumpaz, ist im vergangenen Jahr bei uns sehr offen empfangen worden. Der Umgang mit Bären ist inzwischen im Konzept Bär, Managementplan für den Braunbären in der Schweiz, festgelegt worden. Dort werden die Bären gemäß drei Kategorien beurteilt: unauffälliger Bär, Problembär beziehungsweise Risikobär. Hätte sich JJ1 bei uns auffällig verhalten, wäre er als Problembär eingestuft worden. Das heißt, er wäre eingefangen, mit einem Sender versehen und vergrämt worden. Abschüsse sind nur bei Risikobären vorgesehen, die trotz wiederholter Vergrämung keine wachsende Menschenscheu zeigen und/oder einen Menschen angegriffen und verletzt oder gar getötet haben.

**Hespeler:** Ist die Schweizer Bevölkerung besser auf die Rückkehr von Bär und Wolf vorbereitet als jene Bayerns?

**Haller:** Das darf man, glaube ich, sagen. Nach der Stützung des auf wenige Individuen geschrumpften autochthonen Braunbärenbestands im Trentino in den Jahren 1999 bis 2002 war damit zu rechnen, dass in der Folge wandernde Jungtiere bis in den nur 60 Kilometer Luftlinie entfernten Schweizerischen Nationalpark vorstoßen. Wir haben uns denn auch auf die Rückkehr von Meister Petz vorbereitet: Bereits 1997 wurde mit der Dauerausstellung „Uors in Engiadina – Auf den Spuren der Bären" und mit der dazugehörigen, ein Jahr später erschienenen Informationsbroschüre eine wichtige Grundlage bezüglich Öffentlichkeitsarbeit gelegt. Überdies haben wir mit einer Reihe von Veranstaltungen den Boden für die Großraubtiere vorzubereiten versucht. Auf gesamtschweizerischer Ebene sind die Erfahrungen mit dem seit 1971 wieder angesiedelten Luchs und dem seit 1995 wieder eingewanderten Wolf dienlich. Mit der KORA (Koordinierte Forschungsprojekte zur Erhaltung und zum Management der Raubtiere in der Schweiz) wurde ein Kompetenzzentrum geschaffen, das für den geeigneten Umgang mit Großraubtieren von essenzieller Bedeutung ist.

**Hespeler:** Der im letzten Jahr in den Park eingewanderte Bär – Brunos Bruder Lumpaz – soll in der Gemeinde Ramosch 22 Schafe gerissen oder so versprengt haben, dass sie abstürzten. Bruno hat sich das in Bayern nie erlaubt und wurde dennoch erschossen. Hat der Vorfall in Ramosch die „Bären-Stimmung" in Graubünden gekippt?

**Haller:** Die erwähnten Vorfälle haben in der Tat dem Image des Bären geschadet. Rasch waren Leute zur Stelle, welche die vorher gute Stimmung zu kippen versuchten oder diesem vermeintlichen Trend aufsaßen. Die Entscheidungsträger haben jedoch Rückgrat bewiesen und sich darob nicht beeinflussen lassen.

**Hespeler:** Der Schweizerische Nationalpark (in dem seit beinahe 100 Jahren nicht mehr gejagt wird) ist für seine hohen Rotwildbestände bekannt. Was könnte diesen bei einer Rückkehr von Bär und Wolf passieren? Wäre das ihr Ende?

**Haller:** Bei der Rückkehr des Braunbären würde kaum viel passieren, da dieser kein effizienter Hirschjäger ist. Beim Wolf, dessen Entwicklung in vielen Arealteilen parallel zu jener des Rothirsches verlief (Koevolution), ist dies ganz anders zu beurteilen: Bei regelmäßiger Präsenz mehrerer Wölfe gehen wir davon aus, dass sich zuerst das Verteilungsmuster der Hirsche ändern wird. Mit detaillierten räumlichen Daten, die seit zehn Jahren aufgenommen werden, könnten solche Veränderungen belegt werden. Bei etabliertem Wolfsvorkommen mit Packbildung ergäben sich aller Voraussicht nach auch Auswirkungen auf den Hirschbestand.

**Hespeler:** Viele Menschen besuchen den Park auch des Rotwildes wegen, das man dort so gut beobachten kann wie nur selten irgendwo. Verliert der Nationalpark nicht an Attraktivität, wenn das Rotwild bei Rückkehr des Großraubwildes sein Verhalten ändert und dann vielleicht nicht mehr ganz so leicht zu beobachten ist?

**Haller:** Dies könnte sich so ergeben – aber dafür wäre dann das Großraubwild eine Attraktion. Diese Arten sind zwar kaum zu beobachten, aber das Wissen um ihre Präsenz und das Wahrnehmen von Spuren oder sonstigen Anzeichen ihres Vorkommens ist für anspruchsvolle Naturfreunde (und solche sollten wir sein) ungemein spannend. Im Übrigen ist der Schweizerische Nationalpark ein Naturschutzgebiet der Kategorie 1a. Oberstes Ziel ist der Prozessschutz, das Erhalten und Gewährenlassen von Wildnis. Der Mensch ist als Gast willkommen, er muss aber den Primat der Natur anerkennen.

**Hespeler:** Der Nationalpark hat einen klaren Auftrag, dem er auch in Sachen Großraubwild nachkommt. Wenn aber Bär, Wolf oder Luchs mehr als kurze, zufällige Gastrollen geben sollen, dann muss man ihnen auch außerhalb des Parks wieder ein Heimatrecht einräumen. Werden da die Jäger mitmachen?

**Haller:** Großraubtiere können in Europa nirgends nur ein Thema für Schutzgebiete sein. Diese sind stets viel zu klein, um Großraubwild auf der Ebene von Populationen beherbergen zu können. Von daher ist die Rückkehr beziehungsweise das Vorkommen von Wolf, Luchs und Bär stets grenzüberschreitend zu planen und umzusetzen. Jäger haben dabei eine wichtige Stimme. Ich hoffe jedoch, dass sie allfällige Konkurrenzängste überwinden und das Jagen beispielsweise im Wolfsgebiet als neue Herausforderung und als gesteigertes Naturerlebnis empfinden. Die Jagd lebt bekanntlich von solchen Emotionen. Ginge es nur um die Verfügbarkeit von Fleisch, sollte man Landwirtschaft betreiben; diese ist effizienter.

**Hespeler:** Kritiker des Nationalparks sprechen seit Jahren von einem „Rotwildproblem". Sieht man Wolf und Luchs als eventuelle Problemlöser?

**Haller:** Solche Kritiker gehören der alten Schule an: Ein Rotwildproblem gibt es im Schweizerischen Nationalpark nicht oder nicht mehr. Und die früheren dramatisierenden Beurteilungen der Wald-Wild-Frage erscheinen im Licht der heutigen Erkenntnisse auf der Basis von Langfriststudien zur Artenvielfalt und zur Baumverjüngung unangebracht.

Dass Großraubtiere fehlen, ist als Beschneidung der Parknatur zu werten. Mit ihrer Rückkehr würde ein weiteres grundlegendes Element der Natur wieder wirksam, mit vielfältigen Auswirkungen. Den „drei Großen" aber quasi Hausaufgaben zu übertragen, das würde ich nicht empfehlen. Überdies läuft diese Denkweise der Grundidee des Schweizerischen Nationalparks zuwider.

**Hespeler:** Den Luchs werden Parkbesucher, sollte er zurückkehren, nur höchst selten zu Gesicht bekommen, eher schon den Bären, während man die Wölfe vielleicht einmal „akustisch sehen" kann, nämlich wenn sie heulen. Könnte das die Attraktivität des Parks gar erhöhen nach dem Motto: Gehen wir Bären schauen oder Wölfe lauschen …?

**Haller:** Die Aussichten auf direkte Kontakte würde ich auch bei Braunbär und Wolf in der Regel nicht hoch einschätzen. Indes durch ein Gelände zu wandern, wo Großraubwild zu Hause ist, erhöht meines Erachtens die Spannung und damit unsere Aufmerksamkeit. Begegnungen sind grundsätzlich eben doch möglich. Was sehr selten ist, gilt bekanntlich als besonders wertvoll.

**Hespeler:** Im Adamello-Brenta-Naturpark wurden slowenische Bären erfolgreich ausgesetzt, die sich vermehrungsfreudig zeigen. Warum macht man das hier nicht?

**Haller:** Die Bestandsstützung im Trentino war nicht unumstritten. Es ging allerdings um nichts weniger, als das einzigartige Vorkommen vor dem sicheren Aussterben zu retten, Gene der letzten Alpenbären im Umlauf zu halten und den Umgang der einheimischen Bevölkerung mit den Bären nicht abreißen zu lassen. Von daher war die Initiative bestens begründet. Aussetzungen von Wildtieren müssen bekanntlich stets gut bedacht, geplant und durchgeführt sein. Für den Schweizerischen Nationalpark beziehungsweise den umliegenden Kanton Graubünden erscheinen Aussetzungen von Bären nicht opportun. Wir gehen vielmehr davon aus, dass sich die Trentiner Bärenpopulation weiterentwickelt, ihr Areal sukzessive vergrößert – hoffentlich dereinst bis zu uns!

**Hespeler:** Bären sind von Natur aus tagaktiv, eigentlich ideal für einen Nationalpark, in dem die Besucher Wildtiere erleben wollen. Bären sind auch relativ gutmütige Tiere, die sich mit dem Menschen arrangieren, solange dieser ihnen ihre Grenzen zeigt. Im Nationalpark wird nicht gejagt, und es besteht ein strenges Wegegebot. Könnte es da sein, dass Bären sich gegenüber Menschen mehr erlauben als anderswo?

**Haller:** Da befinden wir uns auf hypothetischem Parkett, doch glaube ich persönlich nicht an ein solches Szenario. Probleme mit Bären gibt es in erster Linie dort, wo die Tiere Menschen und ihre Einrichtungen mit der Verfügbarkeit von Nahrung assoziieren. Und gerade dies ist in unserem Nationalpark nicht gegeben.

**Hespeler:** Im Nationalpark werden weder Schafe noch Rinder zur Weide getrieben. Ist es da nicht wahrscheinlich, dass sich zuwandernde Bären lieber außerhalb des Parks aufhalten, wo sie bequem Schafe und Kälber reißen können?

**Haller:** Dies könnte durchaus so sein, JJ2 schien letztes Jahr diesem Muster zu folgen. Allerdings ist beim Verhalten von Bären eine erhebliche individuelle Variabilität zu berücksichtigen.

**Hespeler:** Herr Haller, herzlichen Dank und – auf baldige Bären!

nd sind die Chancen, dass der Wolf dauerhaft zurück-
eher gering. Trotzdem haben es immer wieder Wölfe
wurden ausnahmslos Opfer des Verkehrs oder er-
itürlich ist der Wolf streng geschützt und Gegenstand
er Abkommen, die auch von der Bundesrepublik
unterzeichnet wurden. Im Jahr 2000 tauchten Wölfe
uppenübungsplatz nahe der Grenze zu Polen in Sach-
penübungsplätze werden in Deutschland von der Bun-
altung betreut. Die Förster sind beamtet und können
gegen geltendes Gesetz weder verbal noch in der Tat
rmutlich sicherte dieser Umstand den Immigranten
Leben, jedenfalls denen, die die Grenzen des Trup-
atzes nicht überschritten. Gekommen waren die Grau-
wahrscheinlich aus einem relativ kleinen und isolier-
............kommen im Südwesten von Polen. Bis dorthin sind es
rund 350 Kilometer Luftlinie.

In Polen sind Wölfe seit 1998 geschützt. Die Regierung wollte damit den anhaltenden Rückgang der Tiere stoppen, was aber nicht
gelang. Da in Polen offiziell kein Jäger illegal einen Wolf erschossen hat und die Abgänge auch nicht mit Verkehrsverlusten erklärt
werden können, müssen Wölfe dort in größerer Zahl freiwillig den
Tod suchen und sich dabei unauffindbar verkriechen ... Diese für
den Artenschutz unangenehme Angewohnheit scheinen auch die
Nachkommen der nach Sachsen ausgewanderten Wölfe zu haben.
Jedenfalls wurden bisher mindestens 22 Nachkommen gezeugt, die
jedoch nach und nach verschwanden. Jäger vermuten, dass diese
Tiere wieder nach Polen zurückgewandert seien. Andere sehen die
Schuld im ungeeigneten Lebensraum. Allerdings können auch wie-
der nicht alle verschwunden sein, denn im Jahr 2005 trat außerhalb
des Truppenübungsplatzes ein zweites Rudel in Erscheinung, das
„Neustädter Rudel".

Hinweise auf von Jägern illegal erlegte Wölfe gab es immer wieder, doch wenn es ans „Eingemachte" ging, war kein Informant
bereit, auch zu seinen Aussagen zu stehen. Von einem jagenden
Tierarzt wurde berichtet, der mit einem Wolfsschädel auf der Mo-
torhaube seines Geländewagens herumfuhr. Auf Jagden soll flapsig

darauf hingewiesen worden sein, dass, wer keinen Spaten dabei habe, keinen Wolf erlegen dürfe usw. Selbst wenn dies nicht so ganz ernst gemeint gewesen sein sollte, so hat es doch dem Ansehen und der Glaubwürdigkeit der Jäger immens geschadet.

Während sich der Bundesverband der deutschen Jäger im Jahr 2004 in einem Positionspapier klar für die Rückkehr des Großraubwildes aussprach, gründeten Jäger vor Ort einen Verein, der unverblümt die Beseitigung der Wölfe forderte und dessen Vorsitzender den Abschuss der Wölfe vor Gericht einklagen wollte und den Prozess durch drei Instanzen verlor. Ein anderer Jäger gab den Wölfen die Schuld an erheblichen Rotwildschäden in seinem Wald. Nach seiner Meinung hatten die Wölfe das Rotwild ausgerechnet in sein Revier gejagt, wo es dann die Rinde von den Bäumen schälte. Eigentlich hätte er sich ein paar Wölfe wünschen sollen, die die angebliche Rotwildmassierung wohl rasch wieder aufgelöst hätten.

Kein Mensch kann Rehe, Hirsche oder Wildschweine in freier Natur zählen. Sicher ist hingegen, dass in der Vergangenheit alle Zählungen und Schätzungen viel zu niedrige Ergebnisse brachten. Nur so ist es möglich, dass seit mehr als 100 Jahren europaweit immer mehr dieser Tiere erlegt werden. Ein kleiner vehement gegen die Rückkehr des Wolfes agierender Verein in der Lausitz teilte im August 2006 in einer Presseaussendung mit, die Wölfe würden die Zahl der dort lebenden Rehe in jedem Jahr um 54,7 Prozent vermindern und die der Hirsche um 30,3 Prozent. Da die Wölfe schon sieben Jahre im fraglichen Gebiet leben, dürfte es Hirsche und Rehe schon seit mindestens vier Jahren überhaupt nicht mehr geben. Laien mögen sich davon zutiefst beeindrucken lassen. Tatsächlich aber kann jedermann im Internet die amtlichen Abschusszahlen abrufen, und die zeigen ein völlig anderes Bild. Zwar stagniert der Rehwildabschuss, doch gibt es keinen Unterschied zwischen den vom Wolf besiedelten und bejagten Gebieten und den wolffreien Gebieten. Und bei den Hirschen ist es sogar umgekehrt. Sowohl im wie außerhalb des Wolfsgebietes steigen die Abschusszahlen immer noch an, und zwar im Wolfsgebiet sogar stärker als außerhalb! Jägern und Wölfen zusammen gelang es also nicht einmal, wenigstens den jährlichen Zuwachs an Hirschen zu nutzen. Der Abschuss von Wildschweinen hat sich im Wolfsgebiet sogar mehr als verdoppelt (1999 = 839 Stück, 2004 = 1773 Stück). Von Sicherheit der

Von Wölfen gerissenes Rotwildkalb am Rande eines abgelassen Fischteiches in der Lausitz. Im Hintergrund sind der Kampfplatz zu erkennen sowie die Schleifspur, auf der die Wölfe das tote Tier ans Ufer gezogen haben.

Bevölkerung und von Artenschutz wurde geschwafelt. Den Wölfen wird vorgeworfen, einen kleinen lokalen Muffelwildbestand nahezu aufgerieben zu haben. Nun kommt man aber nicht an der Feststellung vorbei, dass in Sachsens Wäldern zwar zweifelsfrei der Wolf seit Jahrmillionen heimisch und nur vorübergehend abwesend war, das Muffelwild jedoch nicht. Muffelwild ist in Deutschland überhaupt nicht heimisch. Wo es tatsächlich herstammt, ist bis heute unbekannt. Man weiß nur, dass es von Seefahrern vermutlich als Lebendproviant nach Korsika gebracht wurde und dort im felsigen und mit Busch bewachsenen Gelände verwilderte. Vermutlich handelte es sich bei dem korsischen Muffelwild ursprünglich um Hausschafe. Erst im 19. und 20. Jahrhundert kam es nach Mitteleuropa. Adlige Grundherren setzten es seiner Hörner wegen aus. Die geschwungenen Schafshörner waren auch Anlass für zahllose Einkreuzungen, unter anderem mit Zackelschafen und Heidschnucken. Sie sollten die Hörner vergrößern.

Vor allem die überwiegend jagdfreudige politische Spitze der DDR drängte und förderte die Ansiedlung von Muffelwild in vielen Revieren des Landes. Egal, wie man darüber denkt, ob man es nun Faunenverfälschung oder Artenreichtum nennt, fest steht doch, dass sich Muffelschafe entwicklungsgeschichtlich felsigen Lebensräumen angepasst haben und nicht dem Flachland. Dort kommt es auch immer wieder zu ernsten gesundheitlichen Problemen. Nicht nur, aber besonders auf den weichen Böden des Flachlandes werden die Muffelschafe von der Moderhinke befallen. Unter dieser

Wolfsspuren mit Handy als Größenvergleich.

durch das Bakterium *Fusobacterium necrophorum* verursachten Krankheit leiden auch Hausschafe. Diese befinden sich aber in der Obhut des Menschen und können behandelt werden, Muffelschafe jedoch nicht. Äußerlich zeigt sich die Krankheit durch Auswachsen der Hornschalen an den beiden Zehen der Tiere. Dadurch kommt es zu Bewegungsstörungen. Die Tiere bewegen sich ungern und fressen häufig im Liegen oder auf den abgebeugten Vorderläufen. Sie magern ab, verlieren teilweise ihre Schalen, was das Stehen und Laufen zu einer äußerst schmerzhaften Angelegenheit macht.

Natürlich sind solchermaßen behinderte Muffelschafe für Wölfe eine leichte Beute, und jeder mitfühlende Jäger müsste eigentlich froh und dankbar sein, dass die erkrankten Tiere von den Wölfen erlöst werden. Wölfe reißen aber auch gesunde Muffelschafe. Das hängt damit zusammen, dass sich die Schafe ursprünglich bei Gefahr einfach ins felsige Gelände zurückzogen, wohin ihnen streunende Haushunde, Wolf und Luchs nicht folgen konnten. Im Flachland, das kaum einen geeigneten Lebensraum darstellt, fehlt ihnen diese Möglichkeit, und sie bleiben bei Gefahr häufig viel zu lange stehen, ehe sie flüchten. Nicht nur der Wolf, auch der Luchs hat mit Muffelschafen leichtes Spiel. Jedenfalls hat es mit Artenschutz rein gar nichts zu tun, wenn man dort, wo die Muffel überhaupt nicht heimisch sind und das Gelände ihren Bedürfnissen keineswegs entspricht, den Wolf totschießt, um sie zu retten. Eher zeigt man damit ein gerüttelt Maß an wildbiologischem Unverständnis und Igno-

Kinder verfolgen frische Wolfsspuren, die sie in den Sanddünen gefunden haben.

ranz. Was aber das Muffelwild im Wolfsgebiet Lausitz betrifft, so bestand die Anordnung, den dortigen Bestand aufzulösen, da er illegal war (außerhalb des Muffelwildverbreitungsgebietes). Bereits im Jahr 2002 wurde dort – da bereits vorher erlegt – kein Muffelwild mehr geschossen.

Wildtiere sind in Deutschland herrenlos, sie gehören dem Jäger erst, wenn er sie legal erlegt hat. Daher hat er auch keinen Anspruch auf Schadenersatz. Andererseits muss der Jäger Schäden, die durch Raubtiere an Haustieren, Früchten oder Baulichkeiten angerichtet werden, auch nicht vergüten. Schäden, die durch Wölfe an Haustieren entstehen, entschädigt das Land Sachsen. Das war bisher allerdings erst einmal der Fall, als im Jahr 2002 Wölfe 33 Schafe töteten. Ob es den Wölfen gelingt, sich dauerhaft in Sachsen oder überhaupt entlang der polnischen Grenze festzusetzen, hängt nicht zuletzt davon ab, wie ernst die zuständigen Landesregierungen und die Bundesregierung ihre Bekenntnisse zur Rückkehr des Großraubwildes meinen.

# Wie's der Leiter des Bundesforstamtes sieht

## Interview mit Franz Graf von Plettenberg

 Franz Graf von Plettenberg wurde 1962 in der Nähe von Koblenz geboren. Nach dem Abitur und Militärdienst absolvierte er sein Studium der Forstwissenschaft in Freiburg und Göttingen. Nach dem Studium arbeitete er zunächst als forstlicher Gutachter bei der Oberfinanzdirektion Koblenz. 1991 trat er in den Dienst der Bundesforstverwaltung. Seit 1999 ist er Leiter des Bundesforstamtes Lausitz, mitten im sächsischen Wolfsgebiet.

**Hespeler:** Graf Plettenberg, Sie verwalten nicht nur eines der beiden Bundesforstämter nahe der polnischen Grenze, in denen zugewanderte Wölfe leben und jagen, Sie sind auch passionierter Jäger. Ist die Anwesenheit von Wölfen für Sie nicht frustrierend?

**Graf von Plettenberg:** Nein, im Gegenteil. Ich empfinde die Auseinandersetzung mit dem Wolf in Theorie und Praxis und das Arbeiten, auch das Jagen in einer Region, in der der Wolf vorkommt, als Faszination und Bereicherung.

**Hespeler:** Hier gibt es aber auch Hirsche, Rehe und Wildschweine. Werden die von den Wölfen nicht „hinausgeekelt"?

**Graf von Plettenberg:** Nur während der letzten circa 150 Jahre gab es in Deutschland keine Wölfe. Vorher lebten sie hier fast flächendeckend. Deshalb ist „Wegziehen" keine dem heimischen Schalenwild eigene Strategie. Das Wild hat aber Feindvermeidungsstrategien und kann mit Wölfen umgehen. Aus diesem Grund ist der Wolf auf seiner Jagd gerade bei Jungwild sowie Tieren, die aus anderen Gründen wie zum Beispiel Alter oder Krankheit konstitutionell zurückbleiben, überproportional erfolgreich.

**Hespeler:** Was fressen die hier lebenden Wölfe?
**Graf von Plettenberg:** Sie fressen Rehe, Wildschweine und Rotwild.

**Hespeler:** Sehen Sie nicht die Gefahr, dass zumindest die Rehe mittelfristig von den Wölfen ausgerottet werden?

**Graf von Plettenberg:** Nein, dann wäre das Rehwild schon vor mehr als 100.000 Jahren ausgerottet worden. Die gemeinsame Koevolution unseres heute noch heimischen Schalenwildes und des Wolfes verlief doch über viele Hunderttausende von Jahren.

**Hespeler:** Wird, seit es hier wieder Wölfe gibt, weniger Wild erlegt als vorher?

**Graf von Plettenberg:** Im Landkreis Niederschlesischer Oberlausitz-Kreis lebt seit dem Jahr 2000 ein reproduzierendes Wolfspaar. Trotzdem schießen die Jäger heute nicht weniger Hirsche, Rehe und Wildschweine als vor der Rückkehr der Wölfe. Würde die Jägerschaft den jährlichen Zuwachs an Wild abschöpfen, müssten in einem überschaubaren Zeitraum die Abschusszahlen zurückgehen. Wahrscheinlich sind wir aber von der jagdlichen Nutzung des Zuwachses weiter entfernt, als wir es in unseren Abschussplänen unterstellen.

**Hespeler:** Ist das Wild durch die Anwesenheit der Wölfe nicht so scheu, dass die Jagd schwieriger ist als früher?

**Graf von Plettenberg:** Ich glaube zu erkennen, dass sich das Wild der Anwesenheit des Wolfes anpasst. Wir Jäger sollten dies auch tun. Wir sollten unsere Jagdstrategien ändern. Schon häufig habe ich von einem Ansitz Wolf und Wild gleichzeitig oder mit kurzer zeitlicher Differenz gesehen. Aber das Wild verhält sich heute weniger kalkulierbar.

**Hespeler:** Gelegentlich wird behauptet, durch die Anwesenheit der Wölfe würde vor allem das Rotwild mehr Schäden am Wald verursachen. Können Sie das bestätigen?

**Graf von Plettenberg:** Nein. Schließlich gibt es dieses Problem überall in Deutschland, unabhängig vom Wolfsvorkommen. Einen nicht geringen Anteil an den Schälschäden hat die Jägerschaft selbst zu verantworten, die an viel zu vielen Tagen im Jahr im Jagdrevier präsent ist und vom Wild als Feind „identifiziert" wird.

**Hespeler:** Wie steht die örtliche Bevölkerung zu den Wölfen?

**Graf von Plettenberg:** Wie eine Umfrage aus diesem Jahr gezeigt hat, steht die Bevölkerung den Wölfen überwiegend entspannt gegenüber. Das heißt, sie sind wegen der Wölfe nicht euphorisch, aber es gibt auch keine Ablehnungsfront. Man hat sich an ihr Vorkommen überwiegend gewöhnt. Das ist sicher unter anderem ein Verdienst der sehr aktiven Öffentlichkeitsarbeit in den vergangenen fünf Jahren.

**Hespeler:** Wagen sich die hier lebenden Menschen in ihrer Freizeit noch in den Wald?
**Graf von Plettenberg:** Wenn ich mir die große Autozahl ansehe, die jetzt – zur Pilzzeit – wieder am Waldrand steht, kann ich nur mit Ja antworten.

**Hespeler:** Als Förster sind Sie gelegentlich auch bei Nacht im Wald. Was sagt Ihre Frau dazu?
**Graf von Plettenberg:** Was hat das mit Wölfen zu tun? Ich hätte mehr Angst vor Wildschweinen. Wenn ich zu einer Gemeinschaftsjagd gehe, höre ich regelmäßig: Lass dich nicht totschießen.

**Hespeler:** Wirkt die Anwesenheit von Wölfen auf Touristen eher abschreckend oder anziehend?
**Graf von Plettenberg:** Anziehend. Das wird allgemein in der Region registriert.

**Hespeler:** Wird der Wolf hier touristisch „vermarktet"?
**Graf von Plettenberg:** Ja, das wird schon in vorsichtiger Form versucht. Es gibt das „Kontaktbüro Wolfsregion Lausitz" in Rietschen, das Angebote, zum Beispiel Spurenexkursionen, schafft und kanalisiert. Es gibt Vortragsangebote und Ausstellungen. Ein Wolfsradweg mit Informationstafeln wurde geschaffen.

**Hespeler:** Sie haben selbst Kinder. Lassen Sie diese noch allein in den Wald?
**Graf von Plettenberg:** Ja, ich habe vier Kinder zwischen drei und neun Jahren. Sie kennen den Wolf als ein Tier, das neben Reh und Wildschwein bei uns vorkommt. Die Kinder spielen oft Wolf, unter anderem an einer Stelle, an welcher dieses Jahr erstmals alle sechs Neustädter Wolfswelpen aus 2006 beobachtet wurden.

**Hespeler:** Wie steht eigentlich die Politik zu den Wölfen?

**Graf von Plettenberg:** Die offizielle Politik ist klar und an den strengen Schutzkategorien für den Wolf orientiert – er ist willkommen. Manchmal muss man aber auch registrieren, dass positive Äußerungen nicht sachlicher Überzeugung entspringen, sondern der Erwartung, dass dies „gut ankommt". In diesem Fall erfährt man schnell, dass aus gleicher Motivation heraus dem Wolf die Unterstützung entzogen wird oder sie sehr schüchtern ausfällt.

**Hespeler:** Und wie verhalten sich die Jäger?

**Graf von Plettenberg:** Nach einer Umfrage lehnen 50 Prozent der Jäger den Wolf ab. Das bedeutet aber auch, dass die andere Hälfte sich vorstellen kann, mit dem Wolf zu leben. Richtig enttäuscht bin ich, wie minimal die Jäger der Region die vielfältigen Informationsangebote, beispielsweise über die Erkenntnisse der Telemetrie, der Losungsuntersuchungen und Risserfassungen, wahrnehmen. Auch Rissmeldungen aus der Jägerschaft haben Seltenheitswert. Jäger scheinen keinen Fortbildungsbedarf zu verspüren.

**Hespeler:** Wie berichtet die Lokalpresse über die Wölfe?

**Graf von Plettenberg:** Weit überwiegend sachlich, neutral.

**Hespeler:** Besteht die Gefahr, dass einige wolfsfeindliche Jäger das Ansehen und die Glaubwürdigkeit der Jägermehrheit schädigen?

**Graf von Plettenberg:** Ja, das ist eindeutig der Fall, und die Mehrheit der Jäger lässt es zu. Der Landesjagdverband, der immerhin 70 Prozent der Jäger vertritt, trägt einen großen Teil der Verantwortung. Er ist immerhin als „Naturschutzverband" anerkannt. Da erwarte ich, dass er sich den Wolfsschutz auf die Fahnen schreibt. Das ist derzeit bedauerlicherweise nicht der Fall. Die Jagdpresse positioniert sich nicht; sie will gleichermaßen diese und jene Klientel bedienen. In den Augen weiter Teile der Bevölkerung gelten die Jäger als diejenigen, die „Bambi" lieber allein jagen. Sie haben vergessen, dass sie ihr jägerisches Wirken immer wieder damit begründet haben, dass die Raubtiere in unserem Land leider ausgerottet wurden.

**Hespeler:** Gibt es auch Organisationen, die sich für den Wolf stark machen?

**Graf von Plettenberg:** Ja. Verschiedene Naturschutzorganisationen, aber auch die „Gesellschaft zum Schutz der Wölfe", der Freundeskreis „Lausitzer Wölfe" und einige andere mehr.

**Hespeler:** Die Wölfe hier leben isoliert, was auf Dauer zu genetischen Problemen führt. Sehen Sie in erreichbarer Umgebung weitere wolfstaugliche Lebensräume, in denen nicht die Gefahr besteht, dass Wölfe illegal geschossen werden, sodass eine Vernetzung möglich wäre?

**Graf von Plettenberg:** Die Lebensräume sind reichlich vorhanden: Strukturen mit Wald, Offenland und Siedlungen, eine wahrscheinlich beherrschbare Dichte von Verkehrslinien. Diese Lebensräume bieten hinreichend Nahrung, also Wild, und Ruhe für die Jungenaufzucht – mehr ist nicht erforderlich. Ja, die „Bleivergiftung", sprich die illegalen Abschüsse durch Jäger, ist ein Thema, das nicht nur auf Wasservögel und geschützte Greifvögel beschränkt ist. Diesbezüglich muss die Jägerschaft sehr deutlich machen, dass sie ihre Verantwortung auch gegenüber der 99,6 Prozent nicht jagenden Restbevölkerung wahrnimmt, dass sie ‚schwarze Schafe' in ihren Reihen nicht dulden will.

**Hespeler:** Wäre es für Sie ein Problem, wenn später einmal, wenn sich eine überlebensfähige Population gebildet hat, einzelne Wölfe legal erlegt würden?

**Graf von Plettenberg:** In meinen Vorstellungen soll die Erlegung von Tieren immer einen Sinn haben, der über sportliche Aspekte und reines Freizeitvergnügung hinausgeht. Das erlegte Tier soll genutzt werden können, oder der Abschuss sollte ein Mosaiksteinchen in einem begründeten, wirkungsvollen Regulationsverfahren sein. Wenn die Notwendigkeit der Regulation des Wolfes in einer abgestimmten Wolfskontrolle festgestellt wird, ist die Erlegung für mich kein Problem. Sollen Wölfe freigegeben werden, damit den Jägern eine bestimmte Abschussquote bei den Wildtieren garantiert werden kann oder um die Jäger mit Verlusten durch den Wolf bei Reh, Schwein und Rothirsch zu versöhnen, hätte ich wohl ein Problem. Dabei sollte auch bedacht werden, dass durch den Abschuss eines Individuums bei den streng territorial und sozial lebenden Wölfen viel Schaden durch Störung der Sozialstrukturen angerichtet werden kann.

**Hespeler:** Graf Plettenberg, herzlichen Dank für das Gespräch.

## Der Wolf in der Schweiz

In der Schweiz starben die Wölfe relativ spät aus, jedenfalls wurden bis 1890 zumindest noch im Jura Wölfe beobachtet. Danach waren sie zwar als Population ausgerottet, doch wanderten immer wieder einzelne Wölfe zu. Die meisten wurden geschossen. Vor allem aber gab es lange Zeit hindurch keinerlei Bestrebungen, den Wolf in der Schweiz wieder heimisch werden zu lassen. Auch von wildbiologischer Seite wollte man nicht vorpreschen. Schließlich gab und gibt es immer noch lebhafte Diskussionen um die Rückkehr des Luchses. Einig war man sich darüber, dass es nicht zu Aussetzungsaktionen analog Luchs kommen werde.

### Rückkehr der Wölfe in die Schweiz – Übersicht

1908 wurde ein Wolf im Tessin getötet,
1914 zwei Wölfe in Lignerolle beobachtet.
1947 ein Wolf bei Eischoll erlegt
1954 ein Wolf auf einer Alp bei Poschiavo erlegt.
1971 ein Wolf im Tessin erlegt.
1978 ein Wolf auf der Lenzerheide erlegt.
1990 ein Wolf in Hägendorf erlegt.
1995 ein oder zwei Wölfe im Wallis, die viele Schafe reißen.
1996 wieder Wölfe in den Tälern Ferrets und d'Entremont.
1998 ein Wolf bei Reckingen erschossen gefunden sowie ein Wolf vom Schneepflug totgefahren.
1999 ein Wolf bei Hérémence beobachtet.
2000 ein Wolf im Val d'Hérens abgeschossen, am selben Tag ein weiterer Wolf in Ginals geschossen.
2001 ein Wolf in Graubünden und im Tessin beobachtet.

2002 ein Wolf auf der Alpe Pontimia geschossen sowie ein Wolf in Graubünden nachgewiesen*.

2003 ein Wolf im Ofentalpass mit Fotofalle dokumentiert.

2005 ein Wolf in Quinto mit Fotofalle dokumentiert.

*= Genetischer Erstnachweis einer Wölfin in der Schweiz*

Genetische Untersuchungen zeigten, dass die in den letzten Jahren eingewanderten Wölfe aus Italien kamen. Einer oder auch zwei Wölfe rissen von Juli 1995 bis Mai 1996 im Wallis 117 Schafe und zwei Ziegen. Im piemontesischen Valle di Susa nahe Sestrière an der Grenze zu Frankreich (Valée de Suse, Sestrière) wurden ebenfalls zwei Wölfe beobachtet und im folgenden Winter sogar gefilmt. In Frankreich wurde ein weiterer Wolf im Herbst 1997 in der Haute-Maurienne (Fréjus) bestätigt. Nochmals neun Monate später tauchte er auch im Gebirge von Beldonne und l'Osien (Grenoble) auf. Im Sommer 1998 wurde ein Wolf in der Gemeinde von Val d'Isère fotografiert. Es ist anzunehmen, dass auch die in Frankreich gesichteten Wölfe aus Italien zuwanderten.

Natürlich schlagen die Wogen hoch und die Anti-Wolf-Stimmung kocht über, wenn ein oder zwei Wölfe in kurzer Zeit über 100 Schafe reißen, so wie 1995/96 im Wallis. Das ist aber keinesfalls die Regel. Das Problem ist, dass die Schafhalter, anders als etwa ihre Kollegen in den traditionellen Wolfsgebieten des Balkans, völlig unvorbereitet sind. Ein Jahrhundert hindurch konnten sie ihre Tiere im Frühsommer unbeaufsichtigt auf die Almen treiben und im Herbst wieder zurück ins Tal holen. Auch das geht selten ohne Verluste. Mitunter werden Lämmer vom Adler geschlagen oder vom Fuchs gerissen. Immer wieder erkranken Tiere und sterben daran (was sie im Tal auch tun). Andere versteigen sich in schwierigem Gelände und stürzen ab. Letzteres wird gar nicht so selten durch streunende Hunde verursacht. Überhaupt greifen streunende Hunde immer wieder unbeaufsichtigte Schafe an und hinterlassen Blutbäder. In den lokalen Tageszeitungen erscheint darüber selten mehr als eine kleine Notiz. Ein einziges von Bär oder Wolf gerissenes Schaf erregt weit mehr Aufsehen als 20 von streunenden Hunden massakrierte.

In Frankreich sind Überfälle streunender Hunde auf Schafherden offenbar noch viel häufiger als in Deutschland, Österreich oder der

Schweiz. 1985 wurde das Programm Herdenschutzhund ins Leben gerufen. Man erinnerte sich des Montagne des Pyrénées, der früher traditionell die Schafherden begleitete, um Wölfe abzuhalten. Nun sind Haushunde um Dimensionen aggressiver und gefährlicher als Wölfe, aber die Versuche waren ermutigend. Seit 1994 werden die im Nationalpark Mercantour weidenden Schafherden von diesen Hunden bewacht, wodurch die Verluste durch Wölfe drastisch sanken. In benachbarten Gebieten wurde auf den Einsatz der Montagne des Pyrénées verzichtet. Dort blieben die Verluste hoch. Natürlich können nicht alle weidenden Schafe von einem Hund bewacht werden; wer fünf Schafe hinterm Haus grasen lässt, braucht diesen Schutz auch nicht.

Was in Frankreich der Montagne des Pyrénées sind in Italien der Maremma- und der Abruzzenhund. Beides sind uralte Rassen, die seit Urzeiten zum Schutze der Schafherden vor streunenden Hunden und Wölfen eingesetzt werden. Schätzungen sprechen in Italien von 80.000 mehr oder weniger wild lebenden Hunden, die sich regelmäßig auch an Schafen vergreifen.

Inzwischen erleben Herdenschutzhunde auch in anderen europäischen Ländern mit Wolfs-, Luchs- oder Bärenvorkommen eine Renaissance. Die Arbeitsweise dieser Hunde ist eine ganz andere als jene der üblichen „Schäferhunde". Letztere treiben die ihnen anvertrauten Schafherden mit Scheinangriffen zusammen, ohne sie wirklich gegen Angreifer zu schützen. Die Herdenschutzhunde wachsen bereits als Welpen mit den Schafen auf und schauen diese als Artgenossen an. Daher verteidigen sie zwar, treiben aber in der Regel nicht zusammen. Am hellen Tag funktioniert das ganz gut. Das Problem ist die Nacht. Zerstreut weidende Schafe können dann trotz Bewachung erfolgreich von Hunden oder Wölfen angegriffen werden. Daher ist es wichtig, die Herden am Abend zusammenzutreiben, wozu „konventionelle" Schäferhunde oder Helfer notwendig sind.

Das Verhalten eines Herdenschutzhundes besteht aus drei Grundelementen: Aufmerksamkeit, Loyalität und Verteidigung. Er muss ständig bei den Schafen bleiben, ohne sie bei der Nahrungsaufnahme zu stören, und er muss auf alle nicht „normalen" Ereignisse und Veränderungen reagieren. Ähnlich wie Herdenschutzhunde reagieren auch

Esel. Diese reagieren sehr empfindlich und laut auf jede Störung. Man könnte Esel als lebende Signalanlagen bezeichnen, die noch dazu eine große Abneigung gegen alle Hundeartigen (also auch gegen den Wolf) haben. Esel werden in Nordamerika zur Abwehr von Kojoten und in Südafrika gegen Geparden eingesetzt. Sie verteidigen „ihre" Herden sehr aggressiv gegen Eindringlinge jeder Art.

Das Problem in der Schweiz ist, dass in einigen Kantonen sehr große Schafherden aufgetrieben werden. Diese bleiben ohne Bewachung oben am Berg. Ein- oder höchstens zweimal pro Woche schaut jemand nach ihnen. Nun müssen aber Schutzhunde regelmäßig versorgt werden. Dieses versucht man mit Futter- und Getränkeautomaten für Hunde zu lösen. Trotzdem bleiben kleine Probleme. Wo Schafe weiden, gibt es meist auch Touristen, die nicht immer mit einer ungewohnten Situation richtig umgehen können. Herdenschutzhunde können ihnen Angst machen, was zu Fehlverhalten und Missverständnissen auf beiden Seiten führen kann. Touristen führen gelegentlich auch eigene Hunde mit. Doch insgesamt hat sich die Bewachung der Herden durch Schutzhunde bewährt. In der Schweiz hat das Bundesamt für Umwelt, Wald und Landschaft ein Präventionsprogramm zum Schutz der Schafherden entwickelt. Herdenschutzmaßnahmen werden gezielt unterstützt, und seit Herbst 2003 ist der *Service romand de vulgarisation agricole* (SRVA) für die nationale Koordination der Herdenschutzmaßnahmen verantwortlich. Jedenfalls gibt es eine permanente Zuwanderung von Wölfen aus Italien in die Schweiz, und es ist nur eine Frage des politischen Willens, ob diese dort Fuß fassen oder nicht.

## Der Wolf in Italien

Der Wolf starb in Italien nie aus. Hingegen war das Schalenwild lange Zeit äußerst selten. Nun haben die Wolfsbestände in den letzten Jahren kontinuierlich zugenommen. Diese Zunahme ermöglichte oder erzwang sogar die Abwanderung von Wölfen, von denen es einige bis in die Schweiz schafften. Eigentlich müsste man annehmen, dass die Zunahme der Wölfe zu einem Verschwinden des Schalenwildes führte. Aber genau das Gegenteil war der Fall. Die

Schalenwildbestände nahmen im gesamten Raum wie in den Wolfsgebieten selbst laufend zu. Natürlich werden Hirsche, Rehe und
Wildschweine nicht deshalb mehr, weil einige von ihnen von Wölfen gefressen werden. Vielmehr ist es so, dass sich die Lebensbe-
dingungen für das Wild verbessert haben. Mehr Wild führte dann
auch zu mehr Wölfen. Es ist das einfache Prinzip, dass zunächst die
Nahrung die Zahl ihrer Nutzer diktiert. Viele Wölfe oder Luchse
kann es eben nur geben, wenn es auch viel Wild gibt, das ihnen als
Nahrung dient. Sobald Wölfe oder Luchse ihre Beutetiere übernut-
zen, gehen ihre Kondition und in der Folge auch ihre Nachwuchsraten zurück.

Ein gutes Beispiel hierfür ist der Parco d'Abruzzo, nur 120 Kilometer östlich von Rom gelegen. Dieser in den 20er-Jahren des vergangenen Jahrhunderts gegründete Park ist 50.000 Hektar groß. Hinzu
kommt noch eine sogenannte „Umgebungszone" mit 60.000 Hektar. Damit verglichen sind die bundesdeutschen Nationalparks kleine Hausgärten. Die Schalenwildbestände in der Kernzone waren
früher sehr gering, heute sind sie hoch. Man möchte meinen, die
Wölfe hätten mit Hirschen und Rehen kurzen Prozess gemacht,
aber nichts dergleichen geschah. Die Wölfe konzentrieren sich auf
die Wildschweine, die ihrerseits zu einem immer größeren Problem
für die Landwirtschaft werden. Dies obwohl die dortigen Wölfe
75 Prozent ihrer Nahrung in Form von Wildschweinen zu sich nehmen. Enorm ist auch die Zahl der im Park aufgetriebenen Schafe.
Zwischen 20.000 und 25.000 dieser Woll-, Milch- und Fleischliefe-
ranten weiden dort. Meist sind es Herden mit 500 bis 600 Tieren,
die jeweils von einem Hirten, unterstützt von drei bis sechs Hunden, bewacht werden. In der Nacht werden die Schafe in Pferchen
gehalten. Die Bauern rechnen mit etwa drei Prozent jährlichen Verlusten, von denen aber nur ein geringer Teil zulasten der Wölfe
geht. Die meisten Schafe sterben durch Unfälle oder Krankheiten.
Was der Wolf reißt, wird durch die Parkverwaltung entschädigt.

Neben diesen durch Wölfe verursachten Schäden steht ein nur
schwer zu beziffernder Nutzen, den Wolf und Bär der Region bringen. Beide werden touristisch vermarktet und sind schlicht die Attraktion des Parks, auch wenn nur wenige Besucher eines der Tiere
zu Gesicht bekommen. Inzwischen arbeiten dort 90 bis 96 Prozent
der berufstätigen Bevölkerung im oder für den Tourismus!

Derzeit wird der Bestand an Bären auf 30 bis 40 und der Wolfsbestand auf etwa 50 Tiere geschätzt, Tendenz steigend. Auch diese Zahl ist interessant, denn in Teilbereichen des Parks jagen private Jäger, und alljährlich werden italienweit etwa zehn Prozent des geschätzten Wolfsbestandes erschossen gefunden. Trotzdem wächst der Bestand, und „Pioniere" wandern bis in die Schweiz aus.

Was hier für den Parco d'Abruzzo gesagt wurde, gilt auch für den nur wenige Kilometer von Florenz entfernt liegenden 36.400 Hektar großen Parco Casentino und andere Gebiete. Diese Tatsache lässt auch für die Wölfe in Sachsen und anderswo etwas hoffen.

Das Problem ist dort, wie überall, wo Raubwild vorhanden ist oder zuwandert, der (Problem-)Mensch – seine Habgier, seine Angst und seine Vorurteile!

## Auch der Luchs kommt zurück

Der Luchs war auch in der Schweiz ausgestorben, und sein Fehlen wurde vielfach bedauert. 1967 genehmigte der Schweizer Bundesrat Ankauf und Aussetzen zweier zuchtfähiger Luchspaare in einem Jagdbanngebiet. Jagdbanngebiete sind Schutzgebiete, in denen nicht gejagt werden darf. Rund vier Jahre später wurden die ersten beiden Luchse durch den Obwalder Kantonsoberförster Peter Lienert ausgesetzt, zwei weitere folgten ein Jahr später. Bei diesen Tieren handelte es sich allerdings nicht um Wildfänge. Sie kamen aus dem Zoologischen Garten in Ostrava (Mährisch Ostrau). Das war sozusagen der Auftakt für die Wiederbesiedlung der Schweiz. Es folgten zwei illegal ausgesetzte Paare auf der Südseite des Pilatus sowie legale Einbürgerungen 1974 in der Region um Creux-du-Van im Kanton Neuburg und 1976 am Gran Muveran in den Waadtländer Alpen. Ein im Engadin ausgesetztes Luchspaar war bald nach Aussetzung verschollen.

Die Ausbreitung der übrigen sich fortpflanzenden Tiere erfolgte nach Westen hin. So hatten die Luchse bald die Freiburger Alpen und das Simmental besiedelt, später dann auch den Kanton Uri. Nur in die Ostschweiz wollten sie nicht vordringen. Daher entschlossen sich die Behörden, Luchse in der Westschweiz zu fangen und in die Nordostschweiz umzusiedeln. So wurden in den Jahren 2001 und

Dieser Luchs hat am Vortag ein Stück Damwild gerissen und kehrt in der Dämmerung zu seiner Beute zurück.

Luchs und Bär nutzen zur bequemen Fortbewegung gern auch Forststraßen. Am Rande einer solchen baut die Luchsforscherin Anja Jobin-Molinari eine Fotofalle ein.

Erwachsene Luchse sieht man nur während der Ranz zusammen.

2003 insgesamt neun Luchse im Kanton Sankt Gallen freigelassen. Alle wurden mit Halsbandsendern versehen. Ein männlicher Luchs starb bald an einem Herzfehler (nicht nur wir Menschen …), und einer verschwand spurlos. Vom Sankt Galler Gebiet wanderten einzelne Tiere in die angrenzenden Kantone Glarus und Zürich. In Jägerkreisen war die Erregung über die Rückkehr des Luchses groß. Inzwischen hat man sich etwas beruhigt und gelernt, mit dem Luchs zu leben. Die Auswertung von Spuren an gerissenem Wild belegt, dass von streunenden Hunden etwa ebenso viele Wildtiere gerissen werden wie von Luchsen. Neben jenen Jägern, die dem Luchs immer noch ablehnend gegenüberstehen, wächst die Zahl derer, die sich für ihn begeistern.

## Wie's die Wildbiologin sieht

### Interview mit Anja Molinari-Jobin

Anja Molinari-Jobin, führende Luchsexpertin der Schweiz, war so freundlich, für dieses Buch einige Fragen zu beantworten.

 Anja Molinari-Jobin wurde 1969 in Unterseen geboren. Ihr Studium der Zoologie in Bern schloss sie 1994 mit einer Diplomarbeit im Bereich der Entomologie ab. 1998 promovierte sie mit dem Thema „Predationsmuster des Eurasischen Luchses im Schweizer Jura" an der Universität Bern. Seit 15 Jahren ist sie beim Schweizer Luchsprojekt tätig. Außerdem arbeitet sie bei verschiedenen Forschungsprojekten über Schalenwild und Raubtiere in mehreren Ländern mit, ist Koordinatorin der Initiative SCALP (Status and Conservation of the Alpine Lynx Population), Mitarbeiterin des KORA (Koordinierte Forschungsprojekte zu Erhaltung und Management der Raubtiere in der Schweiz) und Mitglied der Species Survival Commission Cat Specialist Group der Weltnaturschutzunion IUCN.

**Hespeler:** Frau Dr. Molinari-Jobin, auf wie viel Prozent der Schweizer Landesfläche leben Luchse?

**Molinari-Jobin:** Der Jura ist fast vollständig besiedelt, einzelne Luchse sind schon bis fast nach Basel vorgedrungen. Aber vor allem im nördlichen Jura ist die Dichte der Luchse noch sehr gering. In den Alpen befindet sich das Hauptverbreitungsgebiet des Luchses in den Kantonen Bern, Vaud und Fribourg, in geringerer Dichte dehnt sich die Verbreitung in die Innerschweiz und ins Wallis aus. Dank einem Umsiedlungsprojekt, das Anfang der 2000er - Jahre durchgeführt wurde, gibt es zurzeit auch in der Nordostschweiz einzelne Luchse.

**Hespeler:** Um wie viele Luchse handelt es sich da etwa?
**Molinari-Jobin:** Wir schätzen, dass es in der Schweiz zwischen 100 und 150 selbstständige Luchse gibt.

**Hespeler:** Und wie viele wurden bisher telemetrisch beobachtet?
**Molinari-Jobin:** Seit 1983 wurden in der Schweiz über 100 verschiedene Luchse gefangen und zum Teil über Jahre hinweg telemetriert.

**Hespeler:** Ist es einfach, Luchse zu fangen?
**Molinari-Jobin:** Es ist einfach, wenn man ihr Verhalten und die Region gut kennt, in der Luchse zu fangen sind. Die Dichte spielt dann selbstverständlich auch noch eine Rolle. Zusammen mit den Wiederfängen haben wir über 140-mal Luchse gefangen. Somit wissen wir, wie man es am besten anstellt.

**Hespeler:** Wie stellt man die Anwesenheit von Luchsen fest?
**Molinari-Jobin:** In Gebieten, wo der Luchs neu auftritt, werden meistens als Erstes Spuren und Risse gemeldet, also über indirekte Nachweise. Direktbeobachtungen sind immer schwierig zu beurteilen, da sie im Gegensatz zu Spuren oder Rissen nicht verifizierbar sind.

**Hespeler:** Kann man die einzelnen Tiere unterscheiden?
**Molinari-Jobin:** Luchse sind anhand der Verteilung der Flecken individuell erkennbar. Das bedingt jedoch, dass wir sie zuerst fotografieren müssen. Dazu werden Kleinbildkameras mit Bewegungsmeldern – sogenannte Fotofallen – an bekannten Wechseln oder an einem gerissenen Beutetier aufgestellt.
Das Ziel ist, möglichst viele Fotos von verschiedenen Luchsen zu erhalten. Anhand der Fellmuster kann so die Minimalanzahl der anwesenden Luchse eruiert werden. Die Fotofallen können aber

auch simultan eingesetzt werden, so dass ein Gebiet flächenhaft abgedeckt wird. Dieses Vorgehen erlaubt anhand von statistischen Hochrechnungen (Fang-Wiederfang-Methoden) eine Schätzung der Anzahl Luchse im betreffenden Gebiet.

**Hespeler:** Wie viele Schafe werden im Jahresdurchschnitt von Luchsen gerissen?

**Molinari-Jobin:** In den letzten 20 Jahren waren es im Durchschnitt 90. In den letzten beiden Jahren wurden in der ganzen Schweiz jedoch nur 40 bis 50 Haustiere pro Jahr vom Luchs gerissen.

**Hespeler:** Und wie viele werden in der Schweiz etwa aufgetrieben?

**Molinari-Jobin:** Im Verbreitungsgebiet der Luchse werden circa 40.000 Schafe gesömmert, stehen ihm also tatsächlich zur Verfügung. Im Jahr 1999, als die Schäden am höchsten waren, wurden 187 Schafe als Luchsrisse entschädigt, was immer noch „lediglich" 0,4 Prozent des Bestandes ausmacht.

**Hespeler:** Weiß man, wie viele Schafe von streunenden Hunden gerissen werden und wie viele anderweitig ums Leben kommen?

**Molinari-Jobin:** Umfragen bei Schafhaltern haben ergeben, dass sie während der ganzen Sömmerungsperiode mit einem Verlust von drei bis fünf Prozent der Schafe rechnen – ein Teil davon sind auch Hunderisse.

**Hespeler:** Es wird immer wieder kolportiert, ganze Täler seien durch den Luchs rehfrei geworden; hat der Luchs die Jäger „arbeitslos" gemacht?

**Molinari-Jobin:** Es stimmt, dass die Zahl der Jäger im Simmental, dort wo es vorübergehend am meisten Luchse innerhalb der ganzen Alpen gegeben hat, um ein Drittel abgenommen hat. In den meisten Gebieten der Schweiz, wo der Luchs vorkommt, wird die Jagd als Hobby betrieben. Diejenigen Jäger, die also auf die Jagdberechtigung, das Patent, verzichten, sind nicht „arbeitslos" geworden, sondern haben aus Polemik vorübergehend auf ihr Hobby verzichtet – oder haben durch das Lösen eines anderen Patentes ihre Aktivität lediglich verschoben. Eine aufschlussreiche Anmerkung sei mir noch erlaubt: In den Jahren, in denen sich die Jäger am meisten zurückgehalten haben, hat das Fallwild, vor allem Straßenfallwild, überproportional zugenommen.

**Hespeler:** Warum gelang es dem Luchs so lange nicht, die Ostschweiz zu besiedeln?

**Molinari-Jobin:** Lange Abwanderungsdistanzen sind bei Luchsen sehr selten, im Gegensatz zu Bär und Wolf. Im Gegenteil, Luchse siedeln sich bevorzugt dort an, wo schon andere Luchse leben. Das bedeutet, dass es einen sehr großen Populationsdruck braucht, bis sich die Luchse tatsächlich ausbreiten – und dieser fehlt zurzeit. Zusätzlich erschwerend wirkt die starke Fragmentierung der Alpen, die das vom Menschen am meisten genutzte Gebirge der Welt sind.

**Hespeler:** Woher stammen die Anfang der 70er-Jahre ausgesetzten Luchse, und sind die Schweizer Luchse immer noch genetisch isoliert?

**Molinari-Jobin:** Die Luchse, die in den 70er-Jahren wieder eingebürgert wurden, stammten alle aus den Karpaten. Wir vermuten, dass einige der freigelassenen Luchse sehr nahe Verwandte waren. Aus diesem Grund werden, wann immer möglich, bei Fängen oder Todfunden Proben für genetische Analysen genommen. Bisher konnte jedoch noch kein Beweis erbracht werden, dass Inzucht bei den Schweizer Luchsen tatsächlich ein Problem ist.

**Hespeler:** Brauchen Luchse weite und möglichst dünn besiedelte Räume?

**Molinari-Jobin:** Eigentlich nicht – sie sind keine obligatorischen Waldbewohner, sie kommen fast in allen Habitaten zurecht, auch in jenen, die vom Menschen relativ dicht besiedelt sind wie in den Schweizer Alpen. Luchse brauchen vor allem Beutetiere. Da ihre Hauptbeute, das Reh, ein Kulturfolger ist, sind auch Luchse sehr oft in der Nähe von Siedlungen anzutreffen.

**Hespeler:** Kommt es vor, dass sich der Luchs gegen den Menschen stellt?

**Molinari-Jobin:** Nein, anders als bei Bären werden die Jungen nicht direkt verteidigt. Die einzige Ausnahme sind an Tollwut erkrankte Luchse, was jedoch sehr selten vorkommt.

**Hespeler:** Sind an Tollwut erkrankte Luchse eine Gefahr für den Menschen?

**Molinari-Jobin:** Genau so gefährlich wie daran erkrankte Füchse – Tollwut bei Luchsen ist jedoch aufgrund der geringeren Dichte sehr viel seltener als bei Füchsen.

**Hespeler:** Wie würden Sie die Situation des Luchses europaweit einschätzen?

**Molinari-Jobin:** Autochthone Vorkommen gibt es noch in Skandinavien, den Baltischen Staaten, Russland, den Karpatenländern und auf dem Balkan. Mit Ausnahme des Balkanluchses ist keines dieser Vorkommen gefährdet. Aufgrund der fehlenden Akzeptanz ist die Situation dort schwieriger, wo der Luchs ausgerottet wurde und erst seit Neuem wieder heimisch ist. Aber der Luchs hat in den letzten 30 Jahren in mehreren Teilen Europas und vor allem in den Alpen gezeigt, dass der Lebensraum für ihn auch hier, wo er verschwunden war, geeignet ist. Es ist eine Frage der Gesellschaft, ob wir dieser Tierart erlauben wollen, sich weiter auszubreiten und noch unbesiedelte Gebiete zurückzuerobern.

Idealerweise sollten die ganzen Alpen vom Luchs besiedelt sein und die kleineren Mittelgebirge untereinander vernetzt. Von diesem Zustand sind wir jedoch noch weit entfernt.

**Hespeler:** Welchen Einfluss hat der Luchs auf bedrohte Arten wie das Auerhuhn?

**Molinari-Jobin:** In der Schweiz wurden dank Radiotelemetrie über 1500 Luchsrisse gefunden, darunter befinden sich ein Auerhahn und ein Birkhahn. Somit ist er für die Raufußhühner bestimmt keine Bedrohung. Anders sieht die Situation in Skandinavien aus, wo Rehwild viel seltener, aber Raufußhühner viel häufiger sind.

**Hespeler:** Sind Luchse ähnlich „frech" wie Bären?

**Molinari-Jobin:** In gewissem Sinne schon, nur fällt es viel weniger auf. Luchse sind Tiere, die vollkommen auf ihre Tarnung vertrauen. So befinden sie sich oft in Menschennähe, werden aber von diesen nur selten bemerkt.

**Hespeler:** Frau Molinari-Jobin, ich danke für das Gespräch.

# Luchsfreundliches Slowenien

Gesicherte Luchsbestände, die seit Jahren auch vorsichtig bejagt werden, gibt es in Slowenien. Mehr als 50 Prozent der Landesfläche sind bewaldet, die Bevölkerungsdichte ist mit 98 Einwohnern pro km$^2$ gering, wobei weite Landesteile, etwa in den Julischen Alpen oder im Süden des Landes, noch viel dünner besiedelt sind. Ganz verschwunden war der Luchs in Slowenien wohl ebenso wenig wie Bär und Wolf. Aber 1973 setzte die Forstverwaltung in Kočevje (nahe der kroatischen Grenze) drei Luchspaare aus. In den großen, urwaldartig anmutenden Wäldern, diesseits wie jenseits der Grenze, vermehrten sich die Tiere gut. Mit illegalen Abschüssen war in den Staatswäldern auch nicht zu rechnen.

Heute besiedelt der Luchs weite Teile des Landes, und auf der Suche nach eigenen Revieren wandern Jungluchse wohl auch immer wieder nach Österreich und in das Friaul ein. Leider ist die Neigung zu weiter führenden Wanderungen bei den Luchsen nicht so ausgeprägt wie bei den Bären. Das würde ihre Ausbreitung sehr begünstigen. Die positive Einstellung eines erheblichen Teils der slowenischen Jäger zum Luchs wurde sicher dadurch begünstigt, dass eine schonende Bejagung von vornherein eingeplant war. Sicher würde sich der Luchsbestand auch selbst regulieren. So aber wurde er für die Jäger interessant, und diese haben ein Interesse an seinem Erhalt! Heute kann man aus Überzeugung sagen, dass die Wiedereinbürgerung in Slowenien geglückt ist.

Befürchtungen, die Luchse würden die Reh- und Rotwildbestände dezimieren, bewahrheiteten sich nicht. Das Gegenteil war der Fall. Wurden 1973 landesweit nur rund 11.500 Rehe geschossen, waren es im Jahr 2000 schon 38.800. Natürlich wurden die Rehe nicht aus Freude darüber mehr, dass ihr Erzfeind, der Luchs, zurückgekehrt war. Eher konnten sich die Luchse so gut ausbreiten, weil sich ihre Hauptbeute, die Rehe, infolge günstiger Umweltbedingungen so stark vermehrten.

## Der Luchs in Deutschland

Lange Zeit hindurch lehnten die Jagdverbände den Luchs kategorisch ab. Auch die Bauern taten dies, ebenso die meisten Politiker, soweit sie nicht politisch klug einfach schwiegen. Erst in den 70er-Jahren, unter dem Eindruck weit überhöhter Schalenwildbestände und einer Sensibilisierung der Öffentlichkeit für ökologische Zusammenhänge, begann die Mauer der Ablehnung zu bröckeln. Der Naturschutz und diesem nahe stehende Jäger – zumeist Förster – forderten die Rückkehr des Luchses. Nicht wenige seiner Befürworter hatten durchschaubare Gründe; sie erhofften sich von ihm einen Abbau der hohen Schalenwildbestände, insbesondere der Rehe. Natürlich äußerten sie diese Hoffnung auch in den Medien und erreichten damit genau das Gegenteil. Denn sie lieferten Wasser auf die Mühlen jener Jäger, die mit dem Luchs das Ende des Rehwildes kommen sahen.

Während die einen den Luchs als „Schalenwildbekämpfer" wollten, lehnten ihn die anderen gerade deshalb ab! Jene, die seine Rückkehr einfach deshalb forderten, weil er ein Teil unserer Heimatnatur ist, fanden wenig Gehör. Auch in den Jagdzeitungen wurde damals immer noch kräftig Stimmung gegen den Luchs gemacht. Inzwischen wird zumindest in einigen Blättern recht sachlich über ihn berichtet.

Als man 1970 und 1971 die ersten Luchse im Bayerischen Wald aussetzte, wurden diese auch prompt erschossen. Ein Förster gab sogar an, in reiner Notwehr geschossen zu haben, eine Argumentation, die heute auch bei Jägern höchstens noch einen Lachanfall hervorruft. Andere Luchse trieben tot die Flüsse zur Donau hinab. Für das Ansehen der Jäger in der Öffentlichkeit war das verheerend. So schwenkten die Jagdverbände nach und nach um. Nun waren sie nicht mehr gegen den Luchs selbst, sondern nur noch gegen seine Aussetzung. Sollte er doch von allein kommen, dann werde man ihn schon willkommen heißen …

Nun muss man wissen, dass offiziell ausgesetzte Luchse meist besendert sind. Das bedeutet, dass ihr jeweiliger Aufenthaltsort radiotelemetrisch festgestellt werden kann. Wird ein Luchs widerrechtlich getötet, so kann man zwar nicht unbedingt feststellen, wer das getan hat, aber zumindest den ungefähren letzten Aufenthaltsort des

Man muss schon sehr genau hinschauen, um den Luchs zu erkennen, so gut tarnt ihn sein gepunktetes Fell. Gut zu erkennen ist der Sender um den Hals.

Tieres. Der Sender muss auch zerstört werden, weil er ja auch dann noch Signale abgibt, wenn das Tier bereits tot ist.

Bereits in den 80er-Jahren tauchte der Luchs auch im Schwarzwald auf, wobei bis heute nicht klar ist, ob es sich um einen oder mehrere Zuwanderer oder um illegal ausgesetzte Tiere handelte. Sicher ist, dass 1988 ein Luchs auf der Autobahn zwischen Freiburg und Basel überfahren wurde. 1991 wurde ein Jungluchs bei Waldkirch geschossen. Dieses Tier stammte, darauf ließ die ungewöhnliche Abnutzung der Krallen schließen, wahrscheinlich aus einem Gehege. Seither gibt es immer wieder sowohl Hinweise als auch Nachweise. Doch erst seit 1995 werden alle Daten gesammelt und in Karten festgehalten. Inzwischen wurde auch damit begonnen, DNA-Analysen zu erstellen, doch lässt das bis jetzt geringe Material keine Hinweise zu; die Tiere, von denen die Proben (Kot, Haare) stammen, könnten aus benachbarten Populationen in Frankreich, der Schweiz oder Bayern zugewandert sein.

Zwar hat der Jagdverband schon in den 80er-Jahren die Patenschaft für den Schwarzwaldluchs übernommen, aber die Wogen gehen in

Dieser kleine Luchs kann noch keinen Sender tragen, daher bekommt er vorläufig eine Ohrmarke zu seiner Identifizierung. Die Luchsin saß während dieser Prozedur nur einen Steinwurf weit entfernt und sah knurrend zu. Selbst in dieser Situation griff sie nicht an.

Teilen der örtlichen Jägerschaft immer noch hoch, wenn die Sprache auf den Luchs kommt. Den noch größeren Widerstand leisten die Bauern. Sie fürchten nicht nur um ihre Schafe, sondern sehen auch die Mutterkuhhaltung gefährdet. Bis heute blieb die Frage der Entschädigung ungeklärt. Andererseits vergütet der Naturschutz jeden Luchsnachweis mit 100 Euro Prämie. Dabei spielt es keine Rolle, ob der Luchs mittels Foto, eindeutig identifizierter Spur oder Kot oder über einen Schadensfall nachgewiesen wird.

In den letzten 30 Jahren hat sich die Einstellung zum Luchs jedoch generell geändert. Ein erheblicher Teil der Jäger sieht in ihm eine Bereicherung ihrer Reviere. Ängste wurden abgebaut, Versachlichung trat ein. Heute begrüßen die Jagdverbände die Rückkehr des Luchses, und zumindest einem Teil der Funktionäre darf man glauben, dass sie tatsächlich so denken. Darüber, ob es sinnvoll ist, Luchse auszusetzen, kann man sehr wohl geteilter Meinung sein, völlig ungeachtet der Besenderung. Mit großer Wahrscheinlichkeit sind Luchse, die aus eigener Kraft zuwandern, überlebensfähiger. Allerdings würde eine natürliche Wiederbesiedlung Deutschlands sehr viel Zeit in Anspruch nehmen. Dies nicht zuletzt deshalb, weil viele Lebensräume durch Verkehrswege und menschliche Siedlungen zerschnitten sind. Das Bundesland Niedersachsen wollte so lange nicht warten und setzte im Nationalpark Harz Luchse aus, die in Gehegen geboren waren. Ein Teil der Tiere benahm sich auch entsprechend artwidrig. Inzwischen pflanzen sich die Harzluchse in freier Wildbahn fort, und die neue Generation verhält sich so, wie

Irgendwo jenseits des Tales befindet sich der Luchs; der Peilempfänger verrät es.

es sich für wilde Luchse gehört. Luchse sind inzwischen aber auch nach Hessen eingewandert, wobei Kritiker vermuten, dass sie ausgesetzt wurden. Feststellen wird sich das kaum lassen. Doch die Möglichkeit, aus eigener Kraft zuzuwandern, hätten die Luchse sicher gehabt. Denn durch den Fall der mit Zäunen und Minenfeldern abgesicherten innerdeutschen Grenze waren die Wechsel von Osten her wieder offen. Auch im benachbarten Bundesland Nordrhein-Westfalen schleicht der Luchs wieder durch einige Wälder, und zwar links wie rechts des Rheins. Aus den Vogesen sind Luchse in den benachbarten Pfälzer Wald, ein großes Waldgebirge im Bundesland Rheinland-Pfalz, gewandert und haben sich dort festgesetzt. Freilich mussten sie dafür einen Blutzoll bezahlen: Wieder einmal fürchtete ein Förster um sein Leben und erschoss gleich zu Beginn der Neubesiedlung einen Luchs in „Notwehr". Vom Pfälzer Wald aus war es wohl nicht schwierig, die Mosel zu überwinden und in die Eifel zu gelangen. Dieses relativ dünn besiedelte und immer noch vielerorts mit weit überhöhten Schalenwildbeständen ausgestattete Mittelgebirge liegt grenzüberschreitend in zwei Bundesländern, in Rheinland-Pfalz und in Nordrhein-Westfalen. Damit ist der Kontakt zwischen zwei kleinen Vorkommen wahrscheinlicher geworden. Auch dort, wo in den 70er-Jahren die ersten Luchse auftauchten und teilweise gleich wieder erschossen wurden, im Bayerischen Wald, hat sich der Luchs inzwischen festgesetzt, und zwar nicht nur im Nationalpark.

Es gibt keinen Grund, in Euphorie auszubrechen, aber insgesamt gesehen stehen die Zeichen für den Luchs in Deutschland zumindest besser als Ende des vergangenen Jahrhunderts. Er ist vereinzelt da, und die Zahl der Jäger, die ihm positiv gegenüberstehen, wächst. Selbstverständlich muss man damit rechnen, dass auch künftig der eine oder andere Luchs an „Bleivergiftung" stirbt und verschwindet. Das stellt, so lange die einzelnen Vorkommen noch nicht sicher miteinander verbunden sind, durchaus schwerwiegende Verluste dar. Sie können die Wiederbesiedlung einzelner Gebiete erheblich verzögern. Aber insgesamt gesehen dürfen wir etwas zuversichtlicher sein.

## Der Luchs in Österreich

In Österreich wurden auf der Turrach, im Grenzgebiet zwischen den Ländern Steiermark und Kärnten, 1976 und 1977 insgesamt neun Luchse aus den Karpaten ausgesetzt, von denen einer ein Jahr später wieder eingefangen werden musste. Es wird zwar vermutet, dass es in den 90er-Jahren noch unangemeldete Aussetzungen slowakischer Luchse gab, offiziell ist davon jedoch nichts bekannt. Obwohl anzunehmen ist, dass gelegentlich Luchse aus den Nachbarländern Slowenien im Süden, Tschechien im Norden und der Slowakei im Nordosten zuwandern, konnte sich bis heute keine feste Population bilden.

Einzelne Luchse werden jedoch immer wieder im nördlichen Waldviertel und im Grenzbereich zu Bayern und Tschechien, also im Böhmerwald, nachgewiesen. Einzelne Sichtungen gab es im Bereich des Nationalparks Kalkalpen in Oberösterreich sowie in der Steiermark. 1995 wurde ein Luchs auf der Tauernautobahn im Bereich Flachau (Land Salzburg) von einem Auto überfahren. Erwähnt werden muss, dass der Jagdverband in Oberösterreich für jeden Luchsnachweis eine Prämie in Höhe von 70 Euro bezahlt. Im südlichsten Bundesland, in Kärnten, das direkt an Slowenien und Friaul angrenzt, wurden die Nachweise seit den 80er-Jahren des vergangenen Jahrhunderts immer seltener. Dies macht insofern nachdenklich, als der Luchs jenseits der Staatsgrenze sowohl in Slowenien als auch im Friaul regelmäßig vorkommt.

# Bäreng'schichten ...

## Wie gefährlich ist der Bär?

Die Gestalt des Bären wirkt auf uns Menschen eher bedrohlich. Er ist größer als wir, wirkt, wenn er auf allen vier Beinen steht, massig und, wenn er sich auf den Hinterbeinen aufrichtet, nicht nur bedrohlich, sondern direkt „überdimensional". Andererseits strahlt er auch eine gewisse Behäbigkeit, ja sogar Gemütlichkeit aus. Tatsächlich verhält es sich genau umgekehrt, denn er stellt wirklich keine Bedrohung für uns dar, aber er ist auch keineswegs behäbig. Bären entwickeln beachtliche Geschwindigkeiten; daher ist es ziemlich sinnlos, vor einem Bären zu fliehen. Junge Bären sind geschickte Kletterer, die zuweilen sogar vor männlichen Altbären auf Bäumen Schutz suchen. Insgesamt gesehen sind es trotzdem recht „gemütliche" Tiere, die viele Dinge ihres Alltags recht gelassen hinnehmen – so eben gelegentlich auch die Anwesenheit des Menschen oder Begegnungen mit diesem.

Am Stadtrand von Villach (Kärnten) liegt im Wald verborgen ein kleiner Übungsplatz des Österreichischen Bundesheeres. Dort ging, so berichtet mir der Kärntner Bärenanwalt Bernhard Gutleb, ausgangs dieses Winters ein Pensionist mit seinem Hund spazieren. Es war heller Nachmittag, nach langen eisigen Winterwochen einer der ersten warmen Tage. Als der Pensionist an einer kleinen Waldwiese vorbeikam, fiel ihm ein „Misthaufen" auf, der tags zuvor noch nicht da war. Überhaupt hatte er dort noch nie erlebt, dass Mist abgeladen oder verstreut worden wäre. Also ging er mit seinem Hund auf den mitten in der Wiese platzierten Misthaufen zu. Er war wohl noch etwa 20 Meter entfernt, als der „Misthaufen" plötzlich lebendig wurde und ihn aus schläfrig blinzelnden Bärenaugen anschaute, aufsprang und schnell das Weite suchte. Was der Pensionist als Misthaufen angeschaut hatte, war ein schlafender Bär, vermutlich ein männlicher, der sein Winterlager aufgegeben hatte und sich ein Schläfchen in der wärmenden Sonne genehmigte. Sein Verhalten war absolut typisch. Nichts da von einer für Spaziergänger oder Hund bedrohlichen Situation. Der Bär überlegte überhaupt nicht, sondern wackelte mit schlotterndem Fell, unter

dem der im Herbst angefressene Speck weitgehend „weggetaut"
war, davon.

Auf der karnischen Seite des Gailtales, unterhalb der Staatsgrenze
zu Italien, hatte ein Bauer seine Kühe auf der Weide. In jener Ge-
gend betreiben viele Bauern Mutterkuhhaltung. Das heißt, die Kühe
bringen ihre Kälber draußen auf der Weide zur Welt. Die Kälber
bleiben dann bis zum Verkauf bei ihren Müttern. Natürlich kommt
es dabei immer wieder einmal zu Totgeburten, und gelegentlich
holt sich auch der Bär eines der neugeborenen Kälber. Ausgewachsene Kühe oder Almochsen wurden in Österreich noch nie attackiert. Meistens sind die Kühe so wachsam, dass es dem Bären
nicht gelingt, ihnen ein Kalb zu rauben. Auch das spricht für die
Gutmütigkeit des Bären, denn er wäre durchaus in der Lage, eine
Kuh zu töten oder zumindest schwer zu verletzen. Jedenfalls ging
jener Bauer auf die Weide, um nach seinem Vieh zu schauen. Dabei entdeckte er am Waldrand einen Bären, der gerade ein Kalb
fraß. Da packte den alten Mann die Wut und er lief, bewaffnet mit
seinem Spazierstock, auf den Bären zu. Der aber ließ sofort von
seiner Beute ab und trollte sich in den Wald. Der Bauer hatte Glück
gehabt und zeigte sich im Nachhinein über seinen unüberlegten
Mut fast erschrocken. Denn von seiner Beute lässt sich der Bär
nicht immer vertreiben und schon gar nicht von einem einzelnen
Menschen. In einer derartigen Situation kommt es eher zu einem
Scheinangriff. Ein solcher ist zwar immer noch harmlos und bein-
haltet für den betroffenen Menschen nicht mehr als einen gewaltigen Schrecken. Trotzdem sollte man ihn nicht provozieren.

Dennoch ist die kleine Geschichte erzählenswert, denn sie zeigt einerseits, wie sehr der Bär einer Konfrontation mit dem Menschen
aus dem Weg geht, und andererseits, dass die Furcht, die die meisten Mitteleuropäer vor dem Bären haben, unbegründet ist. Es wurden von Österreichs Bärenanwälten noch viele andere Begegnungen
zwischen Mensch und Bär in sogenannten kritischen Situationen
dokumentiert, in denen der Bär fast immer die Flucht ergriff. Im
schlimmsten Falle kam es zu Scheinangriffen, bei denen es der Bär
aber nie wirklich darauf ankommen ließ.

Einmal beobachtete ein Jagdpächter die Bärin Mariedl und ging
einfach auf sie zu, um sie aus nur zehn Meter Entfernung formatfül-

Um besser wittern zu können, richten sich Bären auf. Dies ist eigentlich keine Drohgebärde, trotzdem ist klar, dass eine Bärin ihren Nachwuchs mit äußerster Entschlossenheit verteidigt.

lend zu fotografieren. Mariedl war das offenbar etwas zu aufdringlich, daher zog sie sich diskret und ohne Eile zurück. Ein bei Bruck an der Mur von einem Auto angefahrener Bär wurde von Tierärzten zur näheren Untersuchung in Narkose versetzt. Ein Team des ORF filmte die Aktion und hatte sich weniger als 15 Meter vom Bären entfernt postiert. Als dieser erwachte und den Fernsehleuten in die Augen sah, rappelte er sich rasch auf und verschwand.

Mehrmals wurden zudringliche Bären beobachtet, von denen jedoch keiner aggressiv reagierte. Nurmi, ein männlicher Bär aus dem Ötschergebiet, trottete an einem Haus vorbei, obwohl ein Dorfbewohner unmittelbar daneben stand. Diesen ignorierte Nurmi ebenso wie den hasserfüllt bellenden Hofhund. Dann war da noch jener Jäger, der auf dem Heimweg von der Pirsch auf kürzeste Distanz mit Nurmi zusammentraf. Das war diesem zu viel. Er drehte um und trollte sich zu einem nahe gelegenen Bienenstand, den er fachgerecht zerlegte. Der gutmütige Nurmi hatte die Ruhe weg. Einmal stattete er einem Hof einen Besuch ab, worauf der Hund Alarm schlug. Als der so alarmierte Bauer aus dem Haus kam, zog sich Nurmi 40 Meter weit hinters Haus zurück, ohne nochmals wiederzukehren. Ein andermal interessierte sich Nurmi für den alten Brauch der Hausschlachtung und wollte zwei vor einem Bauernhaus zum Auskühlen aufgehängte Schweinehälften inspizieren. Die misstrauischen Anwohner brachten die beiden Schweinehälften vorsorglich in Sicherheit; Nurmi trottete beleidigt davon.

Jede derartige Begegnung ist für den Bären eine Lehrstunde, aus deren Ausgang er diese oder jene Konsequenz zieht. Die falschen Schlüsse mochte ein Bär gezogen haben, als er bei einem Bauernhof einen Kaninchenstall aufbrach. Vom Lärm aufgeschreckt kam der Sohn des Bauern aus dem Haus, vertrieb den Bären aber nicht, sondern zog sich selbst wieder zurück. Ein anderer Bär plünderte ebenfalls einen Kaninchenstall, während zwei Meter daneben (es war Ferienzeit) Kinder in einem Zelt schliefen. Die aufgeschreckte und verängstigte Mutter machte vom Küchenfenster aus Lärm, worauf der Bär unter Mitnahme eines Kaninchens das Feld räumte. Es wäre ein Leichtes für ihn gewesen, die im Zelt wahrscheinlich vor Angst zitternden Schulkinder zu töten, und es kann keinen Zweifel daran geben, dass er um ihre Anwesenheit wusste. Aber Bären sind dem Menschen gegenüber eben ausgesprochen gutmütig. Der Mensch passt einfach nicht in ihr Beuteschema.

Nicht ganz ungefährlich war eine andere Bärenbegegnung, bei der der Bär in einen Schafstall eindrang. Das Blöken der Schafe alarmierte einen Gehilfen des Bauern, der sofort einen Bären als Urheber vermutete und im Hof lärmte, um diesen zu vertreiben. Der Bär nahm daraufhin ein erschlagenes Schaf unter den Arm und verließ den Stall. In einer solchen Situation kann der dem Bären im Wege stehende Mensch sehr leicht zu einer ordentlichen „Watschen" kommen. Ziel des Bären ist es ja auch dann noch nicht, den Menschen zu töten. Er will sich einfach den Weg frei machen. Dumm ist nur, dass Bären ihre Watschen mit ziemlich viel Energie verteilen, was für den Empfänger schmerzhaft sein kann. So weisen vom Bären getötete Schafe, Kälber oder Hirsche fast immer eine gebrochene Wirbelsäule auf. Dazu ist nur ein kräftiger Hieb mit der Tatze notwendig.

Jedenfalls hat auch ein „normaler" Bär wenig Hemmungen, gelegentlich auf einem abgelegenen Hof „Grüß Gott" zu sagen oder bei Nacht durch ein Dorf zu marschieren. Im Mai 2002 entschloss sich der aus Slowenien stammende und im Trentino ausgesetzte Bär Gasper zu einem frühmorgendlichen Spaziergang durch die Stadt Trient. Vorsorglich wurde er dabei von etlichen Forstbeamten „beschattet". So richtig zugesagt hat ihm die Stadt wohl nicht, denn er zog sich nach kurzer Sightseeingtour wieder in die Wälder zurück. Die Trentiner Bären scheinen ohnehin besondere Gemüter zu haben. Da ging beispielsweise im September 2004 der Jäger Sergio Franceschini auf die Jagd. Er bestieg einen Hochsitz, machte es sich gemütlich und harrte der Dinge, die da kommen sollten. Die kamen auch, aber nicht in Gestalt von Reh oder Hirsch. Vielmehr waren es drei Bären, eine Bärenmutter und ihre beiden Jungen, die durch den Wald gezottelt kamen und es sich ausgerechnet unter Sergio Franceschinis Hochsitz bequem machten. Nicht, dass sie den Jäger hätten fressen oder den Hochsitz beschädigen wollten. Nein, sie legten einfach eine Pause ein. Die Bärin legte sich nieder und gönnte sich eine Ruhepause, während die beiden Jungbären ausgelassen herumtollten. Der Jäger versuchte die Bären mit Zurufen zu vertreiben, aber diese kümmerten sich überhaupt nicht um ihn. Hinunterklettern und einfach so tun, als wären die Bären überhaupt nicht vorhanden, das wollte der Jäger auch nicht. Also nahm er das Handy, rief seine Frau an und schilderte ihr die Situation. Aber der „Hilferuf" war unnötig, denn nach einer halben Stunde trotteten die Bären wieder davon. Der Jäger konnte ohne Belästigung zu seinem Auto gehen.

Hunde reagieren auf Bären ganz unterschiedlich. Den meisten ist die scharfe Bärenwitterung wohl unangenehm und sie scheuen zurück. Zu dieser Sorte gehört auch unsere Bracke. Letzten Winter, ein paar Tage vor Weihnachten, übernachteten wir in Mašun, einem nur aus wenigen Häusern bestehenden Ort in den großen Wäldern unterm Snežnik, im Süden Sloweniens. Es lag kniehoch Schnee, das Thermometer zeigte fast 20° unter null, und am Himmel hing der volle Mond. Die wichtigsten Forstwege waren geräumt, und so entschlossen sich meine Frau und ich zu einem ausgedehnten Abendspaziergang in den von Mond und Schnee verzauberten Wäldern. Es war kurz nach 20 Uhr. Wir kamen nicht weit. Kaum 200 Meter hinterm letzten Haus blieb unser ein paar Meter vorauseilender Hund am Wegrand stehen, stellte die Nackenhaare auf und kam zu uns zurück. Er setzte sich hinter uns in den Schnee und war nicht mehr zum Weitergehen zu bewegen. Schließlich liefen wir allein weiter, aber der Hund blieb sitzen. Ich dachte an Wölfe oder an einen Luchs. Bärenwitterung kannte unser Hund schon. Überdies, so meine Überlegung, würden sich die Bären sicher schon zur Winterruhe begeben haben. Jedenfalls waren wir verunsichert, kehrten um und wanderten in die Gegenrichtung. Am anderen Morgen fanden wir nur wenige Meter weiter eine mächtige Bärenfährte. Der Bär hatte wohl unmittelbar vor uns den Weg gekreuzt oder befand sich noch in der Nähe.

Eine lustige Geschichte trug sich vor mehr als 20 Jahren im Kärntner Weißenseegebiet zu. Es hatte früh geschneit. Da fuhr spät in der Nacht ein Bauer mit seinem alten VW-Käfer nach Hause. Die älteren Baureihen des Käfers hatten unterm Armaturenbrett einen „Reservehahn". Ging unterwegs das Benzin aus, musste man nur den Hahn um 45° drehen, einen Moment warten und dann neuerlich starten. Wer weit von der nächsten Tankstelle entfernt lebte, tat gut daran, zusätzlich einen kleinen Kanister mit Reservebenzin mitzuführen. So auch jener Bauer. Er hatte schon geraume Zeit vorher „auf Reserve" geschaltet und vergessen zu tanken. Und so blieb der Wagen irgendwann mitten im Wald stehen. Aber da war ja – Gott sei's gedankt – noch der Reservekanister im Kofferraum. Die älteren Leser werden sich erinnern, dass beim Käfer der Motor hinten und der Kofferraum vorne war. Jedenfalls stieg der vielleicht schon leicht angesäuselte Bauer aus, öffnete die Kofferraumhaube und kramte nach dem Reservekanister. Da war ihm, als wäre irgendjemand hinter ihm. Er drehte sich um und sah, nur einen knappen Steinwurf entfernt, einen Bären auf der Straße sitzen. In Panik flüchtete er ins Auto. Sehen konnte er nicht mehr viel, da ihm die offen stehende Haube nach vorne die Sicht versperrte. Im Wagen wurde es kalt, denn mangels Benzin lief die Heizung nicht mehr. Langsam zerrannen die Minuten. Irgendwann fasste er Mut und öffnete vorsichtig die Tür, um auf die Straße zu sehen. Der Bär war weg. Er stieg aus, schaute in die vom Mondlicht sparsam erleuchtete Winterlandschaft – aber der Bär war weg. Schließlich wagte er bei offen stehender Fahrertür die paar Schritte vors Auto. Und wie er schon den Kanister gefunden hatte, dreht er sich – ohnehin verängstigt – um, und da saß der Bär wieder am alten Platz auf der Straße und schaute ihm zu! Schwupp flüchtete er wieder ins Wageninnere. Dort blieb er zähneklappernd und frierend, bis irgendwann in den frühen Morgenstunden ein anderes Auto vorbeikam und anhielt. Der Bär war wohl schon lange weg. Vielleicht hat er sich gewundert, welch eigenartiges Verhalten Auto fahrende Menschen haben …

Eigentlich bekommt man Bären selten zu sehen: Sie sind ihrer natürlichen Umgebung so gut angepasst, dass man sie nicht so leicht entdecken kann.

## Wie's der Bärenanwalt sieht

### Interview mit Bernhard Gutleb

In Österreich wurden noch zahlreiche weitere Begegnungen von Mensch und Bär protokolliert. Alle verliefen sie harmlos, aber alle waren sie auch interessant und lehrreich. Zu Situation und Verhalten der im österreichischen Bundesland Kärnten lebenden Bären sprach ich mit dem Kärntner Bärenanwalt Bernhard Gutleb.

 Bernhard Gutleb wurde 1965 nahe Klagenfurt geboren. Sein Studium der Biologie in Wien schloss er 1990 mit dem Magistertitel ab. Von 1991 bis 2000 arbeitete er als Bärenanwalt des WWF Österreich.
Seit 2000 ist er Bärenanwalt des Landes Kärnten.

**Hespeler:** Wie vielen Bären sind Sie in Kärnten schon begegnet?
**Gutleb:** So rund 20, wobei manchmal viele Ansitze nötig waren, bis ich einen bestätigten Bären auch sah. Wissenschaftlich bringen aber Sichtbeobachtungen meist weniger als die sonstigen Nachweise, die wir in größerer Zahl bekommen. Die gefundene Fährte lässt beispielsweise viel mehr Rückschlüsse auf Alter und Gewicht des Tieres zu als eine Beobachtung auf größere Entfernung oder unter schlechten Lichtverhältnissen. Natürlich ist auch der Kot des Bären interessant oder Kratzspuren an Bäumen.

**Hespeler:** Das Hauptvorkommen der Kärntner Bären liegt im Dreieck zwischen Gailtal, Drautal und Weißensee. Dieses Gebiet ist durchaus touristisch erschlossen, die Täler sind relativ dicht besiedelt. Nicht wenige Beobachtungen fanden am Dobratsch statt, einem der beliebtesten Ausflugsberge Kärntens.
**Gutleb:** Die Akzeptanz durch die Bevölkerung ist auch in diesem Gebiet sehr groß. Für die Einheimischen ist der Bär einfach etwas Selbstverständliches, das da ist, aber kaum gesehen wird und nur in Ausnahmefällen Ärger bereitet.

**Hespeler:** Sind die Kärntner Bären, die sich ja nicht an die Staatsgrenzen halten, genetisch identifiziert?

**Gutleb:** Damit haben wir erst angefangen. Zur Erstellung von DNA-Analysen eignen sich Kotproben oder Haare. Kothaufen finden wir häufig. Diese Untersuchungen sind aber relativ aufwendig, und die Trefferquote liegt bei nur 25 Prozent. Vor allem wenn der Bär vorher Fleisch gefressen hat, etwa ein Schaf oder ein verendetes Reh, ist die Untersuchung schwierig. Analysen, die aus Haarmaterial erstellt werden, sind nicht nur billiger, auch die Trefferquote ist höher. Nur findet man Haare nicht so häufig wie Kot.

**Hespeler:** Kommen in Kärnten auch Jungbären zur Welt?

**Gutleb:** Wir fährten gelegentlich Bärinnen mit Jungen, aber wir haben keinen sicheren Beweis dafür, dass die Jungen auch in Kärnten geboren wurden. Hier grenzen ja drei Länder – Kärnten, Slowenien und Italien – aneinander, und die Bären wandern nach Belieben über die Staatsgrenzen hinweg. Wichtig ist uns, dass der Bestand stabil bleibt und nicht zurückgeht.

**Hespeler:** Würden in Kärnten geborene Jungbären hier bleiben?

**Gutleb:** Meist so im dritten Lebensjahr werden die Jungbären von ihren Müttern „abgekoppelt" und müssen sich einen eigenen Lebensraum suchen. Da die benachbarten Bärenlebensräume in Slowenien bereits besiedelt sind, würden Jungbären wahrscheinlich eher nach Norden, Nordwesten oder Nordosten wandern.

**Hespeler:** In Slowenien stieg die Zahl der Bären so weit an, dass man sich vor zwei Jahren entschlossen hat, sie zu reduzieren. Bedauern Sie das aus Kärntner Sicht?

**Gutleb:** Die Zahl der Bären in Slowenien war sehr hoch, und unsere Nachbarn wollten sie noch vor ihrem EU-Beitritt reduzieren. Die Klagen aus der Landwirtschaft ließen sich nicht mehr negieren. Inzwischen ist Slowenien EU-Mitglied, trotzdem wurde – ungeachtet aller Proteste und Ratschläge der Nachbarn – dieses Jahr nochmals ein erhöhter Abschuss freigegeben.

**Hespeler:** Halten Sie damit Sloweniens Bärenbestand für gefährdet?

**Gutleb:** Unsere Nachbarn werden sicher wissen, welche Eingriffe ihr Bärenbestand verträgt. Und sie würden diesem wahrscheinlich nichts Gutes tun, wenn sie die Klagen der Landwirtschaft ignorieren würden. Für uns ist die Reduktion insofern bedauerlich, als jetzt weniger revierlose Jungbären in Nachbarländer abwandern.

**Hespeler:** Warum tun sie das jetzt nicht mehr?
**Gutleb:** Weil sie jetzt in ihrer Heimat eher freie Wohnräume finden.

**Hespeler:** Machen die Kärntner Bären durch ihr Verhalten viel Ärger?
**Gutleb:** Ärger gibt es nur dann, wenn gelegentlich ein Bär in kurzer Zeit eine größere Zahl Schafe reißt. Dann wird der Schaden zwar ersetzt, aber der Besitzer ärgert sich trotzdem. Ansonsten leben die Kärntner Bären eher zurückgezogen und unauffällig. Insgesamt muss man anerkennen, dass in Kärnten nicht nur für die Bären, sondern auch für die von ihnen verursachten Schäden eine hohe Akzeptanz gegeben ist.

**Hespeler:** Kommt es vor, dass sich Kärntner Bären menschlichen Behausungen nähern?
**Gutleb:** Selbstverständlich, sogar regelmäßig. Meist wird das nicht einmal bemerkt. Wenn es am Abend oder in der Nacht still ist, dann kann es schon passieren, dass ein Bär durch eine kleine Ortschaft oder an einem abseits gelegenen Hof vorbeiwechselt. Viele andere Wildarten tun dies auch. Bei den Füchsen haben wir uns längst daran gewöhnt, ebenso bei den Mardern, bei Rehen, bei Rotwild und sogar bei Wildschweinen.

**Hespeler:** Die Schäden schwanken von Jahr zu Jahr erheblich; worauf ist das zurückzuführen?
**Gutleb:** In der Regel sind es Jungbären, die größere Schäden anrichten. Sie haben noch wenig Erfahrung, dafür aber umso größeren Hunger. Für sie sind die Schafe sozusagen eine Notnahrung. Bären können sich aber – obwohl sie ihrer Anatomie nach den Raubtieren zuzuordnen sind – nicht nur von Fleisch ernähren, und sie tun das auch nicht. Der Bär muss sich im Sommer und Herbst für den Winter eine dicke Fettschicht anfressen. Dazu braucht er die in Pflanzen enthaltenen Kohlenhydrate, die vom Körper leicht in Fett umgebaut werden können. Würden sie sich nur oder überwiegend von Fleisch ernähren, könnten sie kaum den Winter überstehen.

**Hespeler:** Wie hoch sind die Schäden im Jahresdurchschnitt?

**Gutleb:** Nur in 20 von insgesamt 34 Jahren traten überhaupt Schäden auf. Im Schnitt der Jahre fraßen alle Kärntner Bären zusammen gerade einmal 20 Schafe und brachen drei Bienenstöcke auf.

**Hespeler:** Aber Füchse, Marder und Wildkatzen fressen doch auch kein Gras …

**Gutleb:** Also erstens nehmen Füchse und Marder sehr wohl pflanzliche Nahrung auf. Sie fressen Kirschen, Schwarzbeeren und viele andere. Sie müssen aber auch nicht so viel Fett ansetzen wie die Bären, weil sie im Winter nicht schlafen. Zwar bauen auch sie im Winter Körpersubstanz ab, aber bei Weitem nicht so viel wie ein Bär. Wildkatzen sind reine Fleischfresser. Da sie folglich auch wenig Fett ansetzen, überstehen viele einen strengen Winter nicht!

**Hespeler:** Wer kommt für die von Bären angerichteten Schäden auf?

**Gutleb:** Bei uns in Kärnten hat die Jägerschaft bereits 1971 eine Versicherung abgeschlossen, die für die Schäden aufkommt.

**Hespeler:** Wie schützt man sich gegen Bärenschäden?

**Gutleb:** Generell sind bei uns Schutzmaßnahmen teurer als die entstehenden Schäden. Große Schafherden wie etwa im Wallis, für die sich spezielle Schutzhunde oder Hirten lohnen, gibt es bei uns nicht. Und die „Überfälle" auf Bienenstöcke sind so selten, dass Aufwendungen für Elektrozäune weit höher wären als für die Schäden.

**Hespeler:** Hat der Bär Einfluss auf die Wildbestände und somit auf die Jagd?

**Gutleb:** Überhaupt nicht. Der Bär ist kein Jäger, eher ein Sammler. Das sehen auch die Jäger so, die, von ganz wenigen Ausnahmen abgesehen, dem Bären ausgesprochen freundlich gegenüberstehen.

**Hespeler:** In Kärnten war der Bär nie wirklich ausgestorben. Gab es in Kärnten irgendwann einmal eine Attacke gegen Menschen?

**Gutleb:** Überhaupt nicht!

**Hespeler:** Gibt es Klagen seitens des Fremdenverkehrs, dass sich Gäste vor den Bären fürchten und Kärnten fernbleiben?

**Gutleb:** Auch das ist nie der Fall gewesen. Es ist aber schade, dass man den Bären kaum in die Fremdenverkehrswerbung einbindet, wie dies in anderen Ländern geschieht.

**Hespeler:** Das Schwammerl- und Beerenklauben hat in Kärnten große Tradition. Ist diese durch die Anwesenheit der Bären zurückgegangen?

**Gutleb:** Niemand lässt sich des Bären wegen vom Schwammerl- oder Beerensuchen abhalten, und höchst selten begegnet man dabei auch einem Bären. Von den Menschen, die sich nicht berufsmäßig oder als Jäger regelmäßig im Wald aufhalten, begegnen im Jahresdurchschnitt sicher nicht mehr als fünf einem Bären.

**Hespeler:** Wie verhält man sich bei der Begegnung mit einem Bären?

**Gutleb:** Mein Rat: den Augenblick genießen, er bleibt meistens einmalig im Leben! Ansonsten sollte man sich zu erkennen geben. Am besten die Arme bewegen und laut reden. Bei meinen Begegnungen ist es nie so weit gekommen, weil der Bär stets Reißaus nahm.

**Hespeler:** Wenn er aber doch einen Scheinangriff macht, etwa weil er seine Beute oder seine Jungen verteidigen will?

**Gutleb:** Da wird empfohlen, einfach stehen zu bleiben. Doch dazu werden die meisten von uns nicht die Nerven haben. Man wird – trotz aller anders lautenden Vorsätze – weglaufen.

**Hespeler:** Löst man damit nicht automatisch die Verfolgung aus?

**Gutleb:** Nein, der Bär sieht uns ja nicht als Beute an, er will uns ja nur verjagen und nicht erjagen. In dem Moment, in dem wir weglaufen, hat er sein Ziel erreicht. Rational betrachtet ist das Weglaufen dennoch sinnlos, weil der Bär ungleich schneller ist als wir.

**Hespeler:** Wie ist die Situation, wenn man bei Wanderungen von einem Hund begleitet wird?

**Gutleb:** Entweder der Bär kümmert sich nicht weiter um den Hund oder er läuft davon. Aber er greift niemals an, nur weil wir einen Hund an unserer Seite haben.

**Hespeler:** Bruno, jener zottige Asylwerber aus dem Trentino, den die Bayern erschossen haben, soll sich vor einem Wanderer gar auf den Hinterbeinen aufgerichtet haben. War das eine kritische Situation?

**Gutleb:** Entweder der Bär erkennt den Menschen und nimmt sofort Reißaus oder er richtet sich hoch auf, um besser zu sehen und besser zu riechen, ob und woher ihm eventuell Gefahr droht. Diesem Aufrichten folgt todsicher die Flucht!

**Hespeler:** Wenn er aber doch angreift?

**Gutleb:** Ein Bär, der angreift, richtet sich vorher nicht auf. Er kommt plötzlich auf uns zugestürmt. Beim europäischen Braunbären handelt es sich aber fast immer um einen Scheinangriff, den der Bär kurz vor dem Menschen abbricht.

**Hespeler:** Bären sind Winterruher – während der kalten Jahreszeit schlafen sie. Wann ist das konkret?

**Gutleb:** Das hängt weitgehend vom Schnee ab. Die Weibchen gehen bei frühem Schnee Ende November oder Anfang Dezember ins Winterlager. Wenn sie trächtig sind und im Lager Junge zur Welt bringen, werden sie meist erst Ende Mai wieder aktiv. Dann wiegen die Jungen bereits so um die fünf Kilo und verlassen mit der Bärin das Lager. Die Männchen werden meist schon Ende Februar aktiv. Dann gibt es genug Winterfallwild, das sie mit ihrer feinen Nase leicht finden und gern fressen. Weiter im Süden, wo die Winter milder sind als bei uns, gehen männliche Bären oft gar nicht ins Winterlager. Aber auch bei uns kann man in jedem Monat des Jahres Bärenspuren finden.

**Hespeler:** Herr Gutleb, herzlichen Dank und weiterhin alles Gute.

# Problembär oder Problem Mensch?

## Die Verhältnismäßigkeit hinkt

Wir neigen schnell dazu von „Problemtieren" zu reden, von „Problempflanzen" oder von „Problemstandorten". Bei genauer Betrachtung stellt es sich aber häufig heraus, dass nicht Tier, Pflanze oder Standorte das eigentliche Problem darstellen, sondern schlicht der Mensch, die Art, wie er damit umgeht. Wir wollen irgendetwas nicht, oder eine Sache übersteigt unsere Vorstellungskraft, und schon machen wir ein Problem daraus. So ist auch unser Verhältnis zum Bären. Wenn wir ihn von vornherein ablehnen, erwächst uns vermeintlich kein Problem. Tatsächlich werden die meisten der sogenannten Problembären vom Menschen durch Unterlassung oder falsche Behandlung zu solchen gemacht. Wir versuchen den Tieren unsere Vorstellungen aufzuzwängen. Wir sagen, wie groß das Streifgebiet (Lebensraum) eines Bären oder eines Luchses zu sein hat, und rechnen dann aus, wie viele von ihnen hier oder dort leben könnten. Und wir erwarten von einem Fleischfresser ganz selbstverständlich, dass er seine Ernährungsgewohnheiten umstellt und möglichst Gras frisst. Tut er das nicht, kommen wir schnell zu dem Ergebnis, dass der geeignete Raum für eine überlebensfähige Population viel zu klein ist. So und ähnlich verhalten wir uns nebenbei bemerkt auch bei Pflanzenfressern; erinnert sei an die endlosen Diskussionen über die Existenzberechtigung des Rotwildes in den Wirtschaftswäldern. Da erwarten wir von den Hirschen ganz selbstverständlich, dass sie sich und ihre Lebensgewohnheiten den Zielsetzungen einer modernen Forstwirtschaft zu unterwerfen haben. Tun sie es nicht, erklären wir sie wie Bär, Wolf und Luchs zu unerwünschten „Personen".

Wir sind es, die zunächst auf die Suche nach Problemen gehen, weil uns ein ungewohnter Zustand Angst bereitet. Und wo es irgend möglich ist, sehen wir die eigene Art in Gefahr. Diese Verhaltensweise finden wir aber nicht nur dort, wo es um die Rückkehr von Bär, Wolf oder Luchs geht. Erinnert sei nur an die fast das ganze Jahr 2005 hindurch die Schlagzeilen beherrschende „Vogelgrippe". In Deutschland schickte die Regierung sogar eine Spezialeinheit der Bundeswehr zur Ostsee, um dort tote Schwäne und etliches anderes Wassergeflügel einsammeln zu lassen. Dabei lagen dort im Küstenbereich seit Menschengedenken alljährlich tote Schwäne, die verhungert oder am Eis festgefroren waren. Früher holten Fischer, Gemeindearbeiter oder Vogelschützer die toten Schwäne vom Eis oder aus dem Wasser. Die meisten von ihnen hatten nicht einmal Handschuhe an. Jetzt taten es Soldaten mit ABC-Ausbildung und in Schutzanzügen, wie sie sonst bei schweren Chemieunfällen oder bei Gasangriffen getragen werden.

Dabei war die Vogelgrippe keineswegs neu. Bereits 1927 entdeckt und nach dem Ort, wo sie erstmals festgestellt wurde, „New-Castel-Krankheit" genannt, war sie in Deutschland längst im Tierseuchengesetz enthalten. Seit ihrer Entdeckung war sie immer wieder auch bei Wildgeflügel nachzuweisen und immer wieder schlug sie in der landwirtschaftlichen Geflügelhaltung – vor allem in der Massentierhaltung – zu. Aber so wie bei Bruno traten sofort Experten auf, die eine kaum noch abzuschätzende Gefahr für den Menschen sahen. Das Geflügel musste plötzlich in Ställe gesperrt werden. Pharmaindustrie und Massentierhalter rieben sich die Hände. In Holland wurden 13,5 Millionen Hühner und anderes Geflügel gekeult, und auch Deutschland ließ sich in der Prävention nicht „lumpen". Kabarettistische Züge nahm der Kampf gegen die Vogelgrippe im Burgenland (Österreich) an. Dort ordnete die zuständige Behörde die Vergiftung von etlichen Perlhühnern an, die sich nicht einfangen und einsperren ließen und die Nächte lieber in Obstbäumen verbrachten. Inzwischen redet kein Mensch mehr von der Vogelgrippe. Es rennt, wie es in Bayern heißt und an anderer Stelle dieses Buches schon einmal gesagt wurde, eine „andere Sau das Dorf hinunter".

Wenn der Bär, dort wo er neu eingewandert ist, einen Bienenstock aufbricht, dann kommen zwei Dutzend Reporter und fünf Kamerateams und berichten über sein „Verbrechen". Wenn zehn Imker ihre gesamten Völker durch eine Bienenseuche verlieren, dann interessiert das niemanden! In „normalen" Jahren gelten für die Imker Verluste durch Milben, Vogelfraß oder Viren in Höhe von fünf bis zehn Prozent als normal. Es gibt, so ist in der Fachliteratur nachzulesen, wohl keinen Bienenstock, in dem nicht die Varroa-Milbe zu finden ist, wobei nur die Intensität des Befalls darüber entscheidet, ob er für die betroffenen Völker tödlich ist. Während ich diese Zeilen schreibe, haben die Behörden in Deutschland und in der Schweiz wegen der unter den Bienenvölkern grassierenden „Amerikanischen Faulbrut" Sperrgebiete eingerichtet. Besonders schwer befallen ist das Wallis. Im Fernsehen war davon – zumindest außerhalb der Schweiz – bisher nichts zu sehen. Natürlich sind diese Verluste für die Imker ungleich schwerer als jene durch den Bären, und sie werden nicht ersetzt. Nun stelle man sich vor, zehn Prozent aller Südtiroler, Kärntner oder Walliser Bienenstöcke würden von Bären heimgesucht. Mit Sicherheit würde der sofortige Abschuss aller Bären gefordert. Als Bruno auf seinem Todesmarsch durch Bayern einige wenige Bienenstöcke aufbrach, waren die Medien sofort mit ihren Kameras zur Stelle!

Viele Jahre ging ich im Allgäu auf die Jagd. Oft habe ich erlebt, wie das Fahrzeug der Tierkörperverwertung bei den Bauern meines kleinen Reviers krepierte Kühe, Kälber oder Schweine abholte. Niemandem wäre es gelungen, dafür eine unserer Tageszeitungen zu interessieren. Jeder Redakteurskollege hätte mich ausgelacht, wäre ich mit einem derartigen Ansinnen an ihn herangetreten. Wenn, was zumindest einmal pro Jahr der Fall war, irgendwo in der Umgebung streunende Hunde in eine Schafherde eingebrochen waren und ein kleines Blutbad angerichtet hatten, dann fand sich selten mehr als eine kleine Notiz in der Zeitung. Einmal angenommen, Bruno hätte dort draußen ein Schaf gerissen … Nur zum Teil sind es die von einem Schaden betroffenen Bauern oder Imker, die tatsächlich einen „Wirbel" veranstalten, wenn sie durch Raubtiere Verluste erleiden. Häufig rufen erst die Absichten und Reaktionen der politisch Zuständigen und Funktionäre die Medien auf den Plan.

Ein gutes Beispiel ist die BSE-Krise. Aus Profitgier wurden und werden Schlachtabfälle und Tierkadaver zu Tiermehl verarbeitet. Dieses wird vor allem dem für Schweine und Geflügel bestimmten Futter beigemischt. Rinder und Schafe sind reine Vegetarier, trotzdem wurde auch den für diese Tierarten bestimmten Futtermitteln Tiermehl zugefügt. Verfüttert wurden diese Mittel hauptsächlich in der Massentierhaltung. Als in Großbritannien das erste Rind – zunächst unerkannt – an BSE erkrankte und verendete, wurde auch sein Kadaver zu Tiermehl verarbeitet und weiterverfüttert. Der

BSE-Erreger wurde beim damaligen Produktionsverfahren nicht vernichtet. Dadurch erkrankten weitere Rinder, die ebenfalls wieder zu Tiermehl verarbeitet wurden. Um eine Seuche handelt es sich bei BSE aber keineswegs, da sich Tiere nicht untereinander anstecken können. Selbst wenn eine Mutterkuh an BSE erkrankt und ein Kalb säugt, kann die Krankheit nicht übertragen werden. Nun erkannten Politiker offenbar die Chance, über BSE den übersättigten Rindermarkt zu bereinigen, wenn möglichst viele Rinder vom Markt genommen werden. Also ließen sie diese „keulen". Auf diese Weise wurden in Großbritannien 1,4 Millionen Rinder vernichtet! In Deutschland erklärte die Bundesregierung – entgegen allen wissenschaftlichen Erkenntnissen – BSE zur „Seuche". Nur so bekam sie die rechtliche Möglichkeit, massenhaft Tiere auch gegen den Willen ihrer Besitzer töten zu lassen. Um dies politisch durchsetzen zu können, musste BSE zu einem beherrschenden Thema in den Medien, zu einem „Dauerbrenner" werden. Tausende Rinder zu töten und zu verbrennen, wäre politisch nicht machbar gewesen, wenn es nicht zuvor gelungen wäre, in der Bevölkerung große Ängste zu schüren!

Die Dimensionen sind nicht vergleichbar, aber die „Mechanik" war dieselbe, bei BSE, bei der Vogelgrippe wie bei Bruno – Ängste schüren! Nur die Motive unterschieden sich. Bei BSE, so schrieb Prof. Sievert Lorenzen vom Zoologischen Institut der Universität Kiel, ging es um Marktbereinigung. Bei Bruno, so meine ich, ging es schlicht um die Verhinderung seiner Rückkehr. „Die Sicherheit der Menschen hat Vorrang", wird von Politikern immer wieder betont. „Allein, mir fehlt der Glaube", möchte man darauf antworten.

Das Kinderhilfswerk der Vereinten Nationen (UNICEF) verlautbart, dass weltweit täglich 30.000 Kinder sterben, davon gut die Hälfte an Unterernährung! Angesichts dieser unfassbaren Dauertragödie kamen die Keulungen durchaus einem Verbrechen gegen die Menschlichkeit gleich. Außer den Betroffenen regt sich kaum jemand darüber auf. Wie sehr erregen sich die Gemüter hingegen, wenn der Bär irgendwo ein paar Schafe reißt?

Bruno wurde wegen ein paar gerissener Schafe zum Problembären. In der Lausitz werden Wölfe wegen ähnlicher „Delikte" zu Problemwölfen. In der Schweiz werden Luchse zu Problemluchsen.

Sie alle gelten als wirtschaftlich nicht mehr tragbar. Wenn sich aber die EU und ihre Mitgliedsstaaten die „vorsorgliche" Keulung von Millionen Nutztieren leisten können, dann müsste doch die Begleichung der von ein paar Bären, Wölfen und Luchsen angerichteten Bagatellschäden auch möglich sein!

Natürlich wäre es furchtbar, wenn der Bär, vielleicht bei einem seiner nächtlichen Besuche auf einem Bauernhof, einen Menschen verletzen oder gar töten würde. Natürlich wäre es noch viel furchtbarer, wenn Gleiches einem im Wald spielenden, Beeren oder Pilze suchenden Kind geschähe! Aber wie viele Kinder werden alljährlich von betrunkenen Autofahrern getötet? Wie viele Kinder werden alljährlich Opfer von Sexualstraftätern? Wollen wir die auch erschießen oder dürfen sie in Deutschland nicht mehrheitlich darauf hoffen, dass sie (sofern ermittelt) nach Verbüßung von zwei Dritteln ihrer Strafe auf freien Fuß kommen, um vielleicht erneut straffällig zu werden?

In meiner Wahlheimat Österreich wurde dieses Jahr eine junge Mutter von ihrem geschiedenen Ehemann brutal ermordet. Der Mann hatte den Mord mehrfach angekündigt. Die Frau hatte Schutz bei Polizei und Justiz gesucht. Eine Richterin entschied zugunsten des Mannes und nahm die Ermordung des Opfers in Kauf. In Deutschland wurden in den vergangenen 15 Jahren 90 Ausländer, Behinderte und Obdachlose von Rechtsradikalen ermordet. Keines der Opfer erhielt auch nur annähernd so viel Aufmerksamkeit wie „Bruno". Sind Menschenleben weniger wert als ein paar Schafe? Oder ist es einfach Alltag und damit hinzunehmen, wenn Menschen durch Menschen umgebracht werden, während der Tod durch einen Bären zur nationalen Katastrophe würde?

Natürlich brauchen wir keine Bären. Aber wir müssen auch nicht klettern oder Ski fahren. Die Bergrettung in Bayern verzeichnete im Jahr 2005 36 Totbergungen von Wanderern, elf beim Bergsteigen und sechs beim Klettern. Über die Lokalpresse hinaus dringen solche Meldungen selten. Und selbstverständlich forderte noch nie ein Politiker, das Skifahren oder Bergwandern zu verbieten, nur weil diese Tätigkeiten mit absoluter statistischer Sicherheit Menschenleben fordern. Und wenn wir es alpenweit sehen, dann wäre auch die

Benutzung einer Seilbahn oder eines Liftes statistisch gesehen ungleich gefährlicher als das Wandern in slowenischen oder kroatischen Wäldern, in denen eine hohe Bärendichte herrscht!

## Wie's der Betroffene sieht

### Interview mit Paolo Molinari

Menschen, die regelmäßig mit „Großraubwild" zu tun haben, sehen
die Dinge meist gelassener. Das gilt nicht nur für Wissenschaftler,
von denen hier einige zu Wort kamen, sondern durchaus für Bauern
und Jäger. Natürlich gehen die Emotionen gelegentlich hoch, wenn
Bär oder Luchs irgendwo, sozu-
sagen über den Tagesverbrauch
hinaus, zugeschlagen hat, auch
dann, wenn der Schaden zufrie-
denstellend vergütet wird. Aber
von den Bauern, denen der Bär
gelegentlich ein Schaf holt oder
einen Bienenstock plündert, sind
die wenigsten bärenfeindlich
eingestellt – sie ärgern sich halt.
Bär und Luchs sind Teil der Natur, und über die ärgert sich
schließlich jeder von uns. Etwa
wenn der Hagel die Gemüsebee-
te oder die Obsternte ruiniert,
oder wenn ein Spätfrost die Ge-
ranien in den Balkonkisten ab-
brüht. Damit müssen wir leben;
weder wollen wir deshalb das
Wetter „regulieren" noch denken wir ans Auswandern. Solche
Kapriolen gehören einfach zu
unserer Heimat.
Auch von den Jägern, denen
hauptsächlich Wolf und Luchs

Paolo Molinari, der nicht nur Wildbiologe, sondern auch begeisterter
Jäger ist, sucht und findet die Jungluchse mithilfe seines Jagdhundes.
Untersucht und markiert werden sie
wieder ins Nest zurückgesetzt

zu Konkurrenten werden, sehen immer mehr die Rückkehr der drei Arten als Bereicherung. Einen, der sowohl Wissenschaftler als auch passionierter Jäger ist – Paolo Molinari, ein Friulaner –, habe ich befragt.

 Paolo Molinari wurde 1967 in Tarvisio (Friaul) geboren. Er ist passionierter Jäger, entstammt einer Jägerfamilie, studierte in Padua Forstwissenschaft und arbeitet als Wildbiologe hauptsächlich an Großraubwild in Italien und in der Schweiz.

**Hespeler:** Paolo, du bist Leiter der Bärenprojekte im Friaul und in der Schweiz und als solcher gehörte JJ1, alias Bruno, sozusagen zu deiner Truppe. War er ein „Problembär"?
**Molinari:** Überhaupt nicht, eher war das Gegenteil der Fall. Bruno hat vor Menschen immer die Flucht ergriffen. Deshalb gibt es ja auch kaum Fotos von ihm.

**Hespeler:** Nachdem die Finnen mit ihren Hunden Bruno nicht stellen konnten und er nicht freiwillig ins wildfreundlichere Italien zurückkehrte, haben ihn die Bayern erschossen.
**Molinari:** Wenn in einer vitalen Population tatsächlich einmal ein Bär echte Probleme macht, das heißt, wenn er sich auf Haustiere spezialisiert oder ein aggressives Verhalten zeigt, dann bin ich auch dafür, dass er erlegt wird. Bei Bruno handelte es sich jedoch keineswegs um einen Problembären. Aber viel schlimmer und schon anwidernd war der ganze Rummel, der um diesen Bären gemacht wurde.

**Hespeler:** Ihr habt ja im alpinen Teil Friauls auch Bären; wie kommen die dortigen Jäger mit ihnen zurecht?
**Molinari:** Dem Bären stehen fast alle positiv gegenüber. Und selbst die Schafhalter akzeptieren ihn. Ja, man findet im Friaul durchaus Bauern, die sogar einen gewissen Stolz zeigen, wenn der Bär einmal bei ihnen zuschlägt. Schließlich werden Schäden durch Großraubwild vergütet, ganz im Gegensatz zu den meist um das Vielfache höheren Viehverlusten anderer Art.

**Hespeler:** Hast du ein paar Zahlen?

**Molinari:** Im Friaul werden im Schnitt jährlich etwa 3000 Euro an Bärenschäden vergütet, ein geradezu lächerlicher Betrag im Vergleich mit anderen Ausgaben.

**Hespeler:** Gab es schon Personenschäden, und wie steht die nicht bäuerliche Bevölkerung zum Bären?

**Molinari:** Bisher wichen alle unsere Bären dem Menschen aus. Du kannst in einem Revier, in dem der Bär regelmäßig vorkommt, unter Umständen viele Jahre jagen, ohne ihn ein einziges Mal zu Gesicht zu bekommen. Als Jäger begegne ich ihm am ehesten in der Nacht, etwa im Frühling, wenn ich zur Balz der Auerhähne gehe, oder im Herbst in der Hirschbrunft, seltener am Tage, beim Kontrollieren unserer Fotofallen. Wir Italiener sind stolz auf unsere Artenvielfalt!

**Hespeler:** Ist das nicht ein ungutes Gefühl, in der Nacht das Revier mit einem Bären zu teilen?

**Molinari:** Rational gibt es keinen Grund, vor einem Tier Angst zu haben, das vor uns Angst hat und uns aus dem Wege geht. Auch ich habe durchaus gelegentlich Angst, aber nicht vor dem Bären, eher wenn ich mich in der Nacht zu Fuß in einer Großstadt bewegen muss.

**Hespeler:** Ihr lasst auch den Luchs leben?

**Molinari:** Keine Frage. Er ist eine Bereicherung unserer Fauna, und uns Jägern schadet er nicht. Die Schalenwildbestände wachsen. Natürlich gibt es überall einzelne Jäger, die kein Wild mehr sehen, die Schuld aber nicht bei sich selbst, sondern bei Bär oder Luchs suchen. Selbstverständlich gibt es auch immer wieder Situationen, wo der Luchs sehr wohl starken Einfluss auf das Schalenwild nimmt, aber das pendelt sich meist sehr schnell wieder ein.

**Hespeler:** Vielleicht siehst du die Dinge etwas anders, weil du nicht nur Jäger und Wildbiologe bist, sondern auch Forstwissenschaft studiert hast?

**Molinari:** Keineswegs, ich bin mit Leib und Seele Jäger, und ich leugne auch nicht meine Freude an Trophäen. Nur war die Form einer Trophäe für mich nie ein Abschussgrund. Als Forstmann sehe ich bei dem Waldbausystem, das wir im Friaul haben, auch keinen Grund, Schalenwild des Waldes wegen übermäßig zu dezimieren. Wir dürfen es vielmehr schadlos nutzen. Die Jagd ist nach wie vor etwas Großartiges; dazu gehört das Erlebnis ums Erbeuten, dazu gehören meinetwegen auch die Trophäen, die Geselligkeit, der obligate Tropfen Wein und vor allem das Gefühl, mich als Jäger in einer halbwegs intakten Landschaft bewegt zu haben. Und dort, wo Bär und Luchs ihre Fährte ziehen, kann die Landschaft so desolat nicht sein!

**Hespeler:** Siehst du die einzelnen Bärenvorkommen – Slowenien, Ötschergebiet, Kärnten, Friaul und Trentino – bereits als vernetzt an?

**Molinari:** Vernetzt ist in dieser Beziehung ein großes Wort. Vielleicht nicht das passende. Es gibt zwar ganz deutliche Kontakte untereinander – aber es bezieht sich fast lediglich auf Einzeltiere. Meistens sind es sogenannte „Pioniere", junge Männchen, die auswandern auf der Suche nach neuen Gebieten, nach für sie neuen Weibchenvorkommen – oder es handelt sich einfach um Sommerexkursionen (richtige Sommerfrische) nach saisonal bedingt guten Futterplätzen. Solche „Pioniere" können dann erstaunliche Strecken und Barrieren überwinden. Und diese haben sie, denn auf dem Weg von Slowenien ins Friaul oder ins Ötschergebiet gibt es einiges an architektonischen/anthropischen Hindernissen zu überwinden.

Die einzelnen Populationen (genau betrachtet Subpopulationen oder eben besser – wie du selber sagst – Vorkommen) sind nicht ganz so vernetzt. Slowenien, Kärnten und Friaul sind relativ gut vernetzt – aber in Richtung Trentino gibt es dann eine Lücke. Sobald jedoch die Dichte im Südosten des Vorkommens steigt, gibt es guten Grund zur Annahme, dass sich diese schließt. Und im Trentino selbst lebt ja zurzeit auch eine sehr vitale Population. Die Nachfolger von JJ1 und JJ2 könnten durchaus nach Kärnten und Friaul wechseln, anstatt nach Tirol und Bayern. Und wahrscheinlich wäre dies auch viel besser für sie.

Ins Ötschergebiet war es auch von Slowenien aus recht weit. Neben den Überlegungen über den Umgang mit diesen Tieren wird auch

An bekannten Wechseln installieren Wildbiologen wie Paolo Molinari Fotofallen. Sobald ein Wild in die Lichtschranke gerät, löst die Kamera aus und dokumentiert es, wie hier einen ausgewachsenen Braunbären im Frühsommer 2006 in der Saisera (Friaul).

hier entscheidend sein, welche Populationsdruck im Ötscher und in Slowenien entstehen kann.

**Hespeler:** Sind die im Friaul umherstreifenden Bären bereits genetisch identifiziert?

**Molinari:** Noch nicht – aber man ist dran. Zurzeit laufen dort zwei von der EU finanzierte Projekte (ein Life und ein Interreg), im Rahmen derer es auch darum geht, genetisches Material der Bären zu sammeln (Kot, Haare, die unter anderem aktiv mit Haarfallen eingesammelt werden). Daran beteiligen sich die Bundesforste, das Land Friaul und die Universitäten Padova und Udine. Das eingesammelte Material wird dann im Istituto Nazionale per la Fauna

Selvatica, also dem Nationalen Wildbiologischen Institut in Bologna, und an der dortigen Uni analysiert. Es wurden zwar schon verschiedene Tiere individuell erkannt und gekennzeichnet, aber abgeschlossen sind diese Untersuchungen noch nicht. Im Dezember 2008 sollte ein erster „End"-Bericht herauskommen.

**Hespeler:** Wie siehst du die Chancen vor allem für Bär und Luchs, die Alpen wieder weitgehend flächendeckend zu besiedeln?

**Molinari:** Trotz aller Hysterie, die immer wieder lokal aufflackert, durchaus positiv. 1991 lud die inzwischen erloschene Wildbiologische Gesellschaft München nach Linderhof ein, um ihr Bärenprojekt vorzustellen. Damals wurde von seiner Rückkehr geschwärmt, aber es war die Rede davon, dass es wohl sicher noch 50 Jahre dauern wird, ehe der erste Bär den Weg zurück nach Bayern findet. Tatsächlich hat es nur 15 Jahre gedauert. Auch wenn ihn die Bayern liquidiert haben, er hat in Österreich, Slowenien und Italien eine Heimat gefunden und ist dabei, diese auf die Schweiz auszudehnen. Allein im Trentino wurden heuer acht Jungbären geboren. Ähnlich ist die Situation beim Luchs, und sogar der Wolf kehrt zurück, nicht nur in das Wallis; letztes Jahr hat es einer bis in die Steiermark geschafft.

**Hespeler:** Paolo, mille grazie e ciao!

# Wozu brauchen wir Bär & Co.?

Diese Frage muss man stellen dürfen. Denn ohne jeden Zweifel könnten wir in Europa ohne Schaden für unser Wohlergehen auf Bär, Wolf und Luchs verzichten. An Problemen für Gegenwart und Zukunft besteht kein Mangel. Unsere Zukunft hängt nicht davon ab, ob es in unseren Wäldern ein paar Bären oder Luchse gibt oder nicht, eher schon davon, ob unsere Trinkwasserreserven reichen, ob unsere Organe die immer noch zunehmende Schadstoffbelastung der Luft verkraften, ja ob die immer dünner und löchriger werdende Ozonschicht der Erde in absehbarer Zukunft überhaupt noch menschliches Leben zulassen wird.

Weite Teile Europas leiden inzwischen dramatisch unter Wassermangel, während uns katastrophale Überflutungen in immer kürzeren Abständen heimsuchen. Trinkwasser ist längst zur Mangelware geworden, trotzdem subventionieren wir gleichermaßen die Rodung von Olivenhainen und Korkeichenwäldern, um bewässerte landwirtschaftliche Kulturen anzulegen. Die Absurdität dieses Vorhabens zeigt sich erst recht, wenn man bedenkt, dass diese Bewässerung der Produktion von Überschüssen dient, die dann vernichtet werden müssen.

Immer mehr Menschen leben auf immer engerem Raum, mit allen damit zusammenhängenden sozialen Problemen. Trotzdem fordern die Politiker ständig höhere Vermehrungsraten, zur vermeintlichen Sanierung des Sozialversicherungssystems.

Unsere fossilen Brennstoffe gehen in absehbarer Zeit zu Ende, trotzdem tut die beherrschende Energiewirtschaft alles, um den Energieverbrauch so stark wie möglich zu steigern. Die Industrie bietet uns zwar energiesparende Geräte an, aber sie suggeriert uns auch, dass unser Leben durch immer mehr Geräte immer schöner und lebenswerter wird, womit der Energieverbrauch weiter steil ansteigt.

Nein, die echten Probleme heißen nicht Bär und Wolf. Vielmehr ist unser ganzes Dasein zu einem einzigen kaum mehr zu bewältigenden Problem für diesen Planeten geworden. Und jetzt fordern wir auch noch – gerade so, als gäbe es nichts Wichtigeres – die Rückkehr von großen Raubtieren in längst „bereinigte" Gebiete!

Ja, damit beschwören wir neue Probleme herauf, rein materielle wie solche des Zusammenlebens mit all jenen, die lieber in einer „sauberen" Welt leben möchten. Aber kann es für das reiche Europa überhaupt ein Problem sein, wenn jährlich etliche Hundert Schafe von Bär & Co. gefressen werden, die dann zu ersetzen sind? Kann deren Rückkehr tatsächlich davon abhängen, ob sie den Jägern einige Muffelschafe, Rehböcke oder Wildschweine vor der Nase wegfressen oder nicht? Oder soll sie von jenen abhängen, die zwar Gewalt auf Bildschirmen und Leinwänden zur Unterhaltung lieben, sich aber im dunklen Wald in die Hosen machen?

## Am Geld kann's nicht scheitern

Vielleicht haben wir verlernt, die Dinge, mit denen wir zu tun haben, in den richtigen Dimensionen zu sehen. Was sind schließlich – abgesehen vom persönlichen Ärger der Besitzer – hundert oder selbst tausend von Bär & Co. gerissene Schafe, wenn diese ersetzt werden? Die Schweiz subventioniert die Sömmerung der Schafe ohnehin, und auch die EU gibt dafür enorme Summen aus. Warum also sollen die im Vergleich hierzu lächerlichen Schadenssummen nicht auch übernommen werden? Das kleine Österreich leistet sich derzeit gerade den Ankauf von 24 Eurofighter des Typs *„Typhoon"*. Die Briten haben sich sogar zum Ankauf von 232 dieser Maschinen entschlossen, Deutschland, das mit „Brunos" Schäden ein nationales Problem zu haben schien, bestellte 180, Italien 121 und Spanien 87 derartige Fluggeräte. Wahrscheinlich sind sie alle notwendig, aber eine einzige dieser Maschinen kostet bis zu 86 Millionen Euro, und in einer einzigen Flugminute verbraucht eine derartige Maschine über 150 Liter Flugbenzin und mit eingeschaltetem Nachbrenner wie beispielsweise beim Start bis zu 530 Liter. Ein Liter kostet um die zwei Euro. Eine einzige Flugstunde ist demnach ungleich teurer als alle Bären-, Wolf- und Luchsschäden Europas im Jahr! Vielleicht klingt das jetzt so ein klein wenig nach Friedensbewegung, nach dem in den 70er-Jahren überall zu hörenden Slogan „Schwerter zu Pflugscharen". Doch darum geht es gar nicht. Der Vergleich „Flugstunden" zu Raubwildschäden soll ja nur deutlich machen, um welch lächerliche Beträge innerhalb eines öffentlichen Haushalts es geht. Wir dürfen, um die Finanzierbarkeit der „drei Großen" zu skizzieren, getrost auch andere öffentliche Ausgaben heranziehen, etwa die Ausgaben zum Ankauf moderner Kunst. Doch diese Dinge laufen meist in aller Stille ab. Da gibt es wenig öffentliche Diskussion.

Der Deutsche Bundestag genehmigte seinen Mitgliedern 2005 rund 3,6 Millionen Euro für Auslandsreisen. Im laufenden Jahr 2006 plante der Berliner Haushaltsausschuss allein 18 sogenannte Exkursionen ein, überwiegend in den Oster- und Sommerferien. Abgeordnete sollen dabei die Landwirtschaft Brasiliens kennenlernen. Tourismusexperten dürfen sich in Tsunamigebieten umschauen. Fachleute für Arbeit und Soziales werden auf Neuseelandtour geschickt, und jene, die sich unserem Rechtssystem verpflichtet fühlen, dürfen sich in Südamerika Anregungen für den Ausbau der Demokratie holen. Um was es bei diesen Exkursionen geht, will man nicht sagen. Das sei Sache der Abgeordneten, meinte eine Sprecherin des Bundestages. In den übrigen EU-Staaten werden die Verhältnisse kaum anders sein.

Die EU investiert Milliarden in die Überproduktion von Lebensmitteln, und sie verhindert zum Schutz der heimischen Bauern und zum Nachteil der übrigen Bevölkerung, dass billigere Lebensmittel aus Nicht-EU-Staaten ins Land kommen. Kaum ein europäischer Bauer, der sich ohne Subventionen über Wasser halten könnte, wobei die „kleinen" Bauern nur Brosamen bekommen. So kassieren in Spanien sieben Familien so viel wie 12.700 Bauern. In Deutschland fließen 80 Prozent der Landwirtschaftsförderung an 20 Prozent der Betriebe …

Das deutsche Wochenmagazin „Der Spiegel" berichtete in Ausgabe 17/2004 über 25 Millionen Euro, die von der EU aus dem Etat der Kunst-, Sport- und Tourismusförderung für Hunderennen in Irland und Spanien lockergemacht wurden. Mit Mitteln aus der Tourismusförderung der EU wurden sogar Kachelöfen in den Ferienwohnungen der Bauern finanziert. Man musste nur wissen, welche Quellen wie anzuzapfen sind.

Ein Braunbär im Bayerischen Wald.
Brauchen tun wir ihn nicht.
Aber es ist schön, dass es ihn gibt.

Selbst Kommunalpolitiker fliegen zuweilen in fernöstliche Länder, um sich dort über Fragen der Abfallbeseitigung und ähnliche Dinge zu informieren. Sie könnten das in der Regel auch im eigenen Land im Gespräch mit Kollegen tun. Wenn es darum geht, vor einer Wahl Versäumnisse in Erfolge umzubuchen, geben Regierungen unvorstellbare Summen für „PR" aus. Ums Geld kann es also nicht gehen, wenn wir über Bär, Wolf und Luchs reden. Die Begleichung von Bärenschäden im Trentino, von Luchsschäden in der Schweiz oder Wolfsschäden in Sachsen sind schlicht Kulturausgaben!

PS. Eben kam die Meldung herein, dass die drei Bistümer München, Regensburg und Passau für den als privat deklarierten Besuch des Heiligen Vaters in seiner bayerischen Heimat zwischen 20 und 30 Millionen Euro aufbringen mussten. Es sei ihm auch gegönnt, und niemand will, dass die Bistümer Brunos Hinterlassenschaft begleichen. Aber wer will bei diesen Summen noch über ein paar Bärenschäden reden …

Doch wahrscheinlich wäre es gar nicht notwendig, die öffentlichen Kassen zur Begleichung von Raubwildschäden heranzuziehen. Wir müssen gar nicht nach dem Staat rufen! Als „Bruno" scheinbar Bayern gefährdete, boten sich spontan Privatfirmen an, für seine Flegeleien geradezustehen. Kleinere Firmen wie große Konzerne sind längst dazu übergegangen, Projekte zu finanzieren, die eigentlich Sache der öffentlichen Hand wären. Italiener, Schweizer, Österreicher und Deutsche sind durchaus spendabel und folgen regelmäßig Spendenaufrufen. Nationale Fonds dürften demnach kein Problem sein. Doch wahrscheinlich wären nicht einmal solche notwendig. Man schaue nur nach Kärnten im Süden Österreichs, dort hat die aus wenigen Tausend Mitgliedern bestehende „Kärntner Jägerschaft" schon vor Jahren eine Versicherung abgeschlossen, die alle Bärenschäden im Land übernimmt.

Außer Diskussion steht, dass den Bauern entstehende Schäden fair ersetzt werden müssen, dann bleibt ihnen immer noch etlicher Ärger.

## Es geht auch ohne Bär & Co

Natürlich geht es künftig ohne Großraubwild, schließlich ging es in weiten Teilen Europas bisher ja auch ohne. Manche Menschen fühlen sich ohne sogar wohler – ohne Angst. Doch wenn wir so fragen, müssten wir es fairerweise auch zahlreichen anderen Arten das Existenzrecht verweigern. In Deutschland und Österreich leisten wir uns den „Luxus", Hirsche in den Wäldern zu haben. Dies obwohl durch Hirsche und Rehe alljährlich Schäden an Waldbäumen in Millionenhöhe entstehen, manche Waldbesitzer dadurch in den Ruin getrieben werden und sich viele Wälder infolge überhöhter Wilddichten nicht mehr standortgerecht verjüngen. Aber wir leisten uns diesen Luxus, weil auch Hirsche Teil des Waldes sind und dieser wiederum Teil unserer Heimat und somit auch Teil unserer Identität. Es sind auch keineswegs nur die Jäger, die an Hirsch und Reh Interesse haben und für deren Erhaltung kämpfen. Auch Nichtjäger wollen große Wildtiere, und zwar ohne einen materiellen Nutzen zu haben, einfach weil Hirsche und andere Wildtiere einen Erlebniswert besitzen. Es macht eben einen Unterschied, ob wir in einem Park spazieren gehen oder in einem Wald wandern. Auch wenn wir bei einer solchen Wanderung keinen Hirsch und kein Reh sehen, so wissen wir doch, dass sie da sind. Allein dieses Wissen sorgt für eine Spannung, die wir beim Spaziergang im Stadtpark nicht empfinden.

Der deutschen Landwirtschaft entstehen alljährlich Millionenschäden durch Wildschweine. Diese dringen inzwischen sogar in Städte ein, etwa in Berlin, wo sie mitten in der Stadt auftauchen, Rasenflächen umbrechen, Mülltonnen leeren und nachts Passanten verunsichern. Auch wenn der deutsche Alpenraum flächendeckend mit Bär und Luchs besiedelt wäre, hielten sich die von diesen verursachten Schäden sicher weit unter jenen, die Wildschweine anrichten. Andererseits wäre es, so man wollte, kein Problem, der Wildschweinplage Herr zu werden. Man bräuchte nicht einmal die Hilfe der Jäger hierzu. Schließlich sind längst Ovulationshemmer einsatzbereit, mit deren Hilfe der Nachwuchs unterbunden oder zumindest stark eingeschränkt werden könnte. Aber wir wollen das gar nicht – wir wollen Wildschweine!

Wir brauchen auch keine Parkanlagen, in denen kostenaufwendig Blumen und Bäume gepflanzt und Rasenflächen gemäht werden, Kartoffeln und Kraut täten es ebenso, und man könnte sie essen. Trotzdem pflanzen wir Blumen – weil wir nicht nur Blase, Herz und Lunge haben, sondern auch eine Seele!

Wir brauchen weder den Petersdom noch die Basilika von Mariazell, denn beten kann man überall, und am inbrünstigsten gebetet wurde und wird wahrscheinlich ohnehin in Bunkern und Elendsquartieren. Trotzdem leisten wir uns prachtvolle Sakralbauten – weil wir eine Sehnsucht haben!

Wir leisten uns Theater und Opernhäuser, obwohl diese nur von einem insgesamt kleinen Teil der Bevölkerung besucht werden. Allein die Vereinigten Bühnen in Wien – das *Raimundtheater*, das *Ronacher* und das *Theater an der Wien* – werden jährlich mit 40 Millionen Euro subventioniert. Trotzdem leisten wir es uns, weil wir ein Kulturvolk sein wollen!

Auch Bär, Wolf und Luchs haben einen Wert, auch wenn sie – so wie wir zu rechnen gelernt haben – nicht „rentabel" sind. Sie sind jedenfalls locker finanzierbar. Wie auch könnten wir von Ländern der Dritten Welt den Schutz von Elefanten, Krokodilen und Löwen fordern, wenn wir bei uns selbst ein paar von Bär oder Luchs gerissene Schafe zur Staatstragödie hochstilisieren? Ja, wir sehen es quasi für jeden Afrikaner als Ehrenpflicht an, dass er sich dankbar von einem Löwen fressen oder von Elefanten seiner Existenz berauben lässt. Aber wenn Bruno ein bayerisches Meerschweinchen frisst, dann geht ein Aufschrei durch die Medien!

Mit der Frage nach der Rentabilität eines Lebewesens stellen wir schließlich unsere eigene Existenz zur Diskussion. Es ist ja nicht nur so, dass wir mit unserer Übervermehrung den Planeten Erde ruinieren. Wer von uns nicht frühzeitig stirbt, altert zwangsläufig in einen Lebensabschnitt oder einen körperlichen Zustand hinein, in dem der von der Allgemeinheit in ihn zu investierende „Input" höher ist als der zu erwartende „Output". Ich weiß, solche Formulierungen können verletzen, sie wirken sogar menschenverachtend. Man spricht sie tunlichst nicht aus, auch oder wahrscheinlich, weil sie den Ungeist unserer Zeit spiegeln.

Das Leben verliert seinen Wert, wenn wir es nach diesem berechnen, weil wir dabei übersehen, dass jedes Leben schon seinem Wesen nach einen unanfechtbaren Wert darstellt!

Der Gehalt unseres Seins resultiert aus seiner Buntheit, aus der Vielfalt, die uns in allen Lebensbereichen umgibt. Viele der bunten Farbtupfer nehmen wir nur selten oder gar nie wahr. Aber sie sind da, und sie gestalten in ihrer Gesamtheit jenen unsichtbaren Stoff, aus dem unser Stolz, unsere Hoffnungen und Träume, unser Wohlbefinden und manchmal auch ein paar Ängste gemacht werden, eben unser – Ich!

## Auf dem Boden bleiben

Trotz allem, was auf den letzten Seiten gesagt wurde, sollten wir doch auf dem Boden bleiben. Das zerstückelte, zubetonierte, in weiten Teilen entnaturierte Deutschland wird in überschaubarer Zeit kein „Bärenland" mehr werden. Auch dann nicht, wenn deutsche Bundespolitiker inzwischen so tun, als würden sie sehnlichst darauf warten, Brunos Brüder mit Blumen zu empfangen. Aber es geht ja auch nicht darum, im Schwarzwald, im Harz oder sonst wo in Deutschland wieder Bären anzusiedeln. Und niemand will im schweizerischen Aargau, um Basel herum oder im Thurgau Wölfe sehen. Auch der schmale bayerische Alpenstreifen kann für sich allein kein Bärenlebensraum mehr sein. Doch was steht dagegen, wenn neben Millionen Touristen hin und wieder ein Bär mit österreichischem oder italienischem Pass seine Fährte durch die blau-weiße Erosionslandschaft zieht?

Ebenso wenig werden die Niederlande, Belgien oder Luxemburg Wolfsländer sein können. Vorher werden die steigenden Nordseewellen den Seehund ins Binnenland spülen. Und wenn man von den an die Eifel angrenzende Ardennen absieht, dann wird sich in diesen Ländern nicht einmal mehr der Luchs wohlfühlen. In Deutschland hätte dieser jedoch Raum und Nahrung genug, vorausgesetzt, man wertet den „Mord" an einem Reh nicht schwerer als den an einem Kind, an einer Ehefrau, die sich scheiden lässt, oder einem Ausländer. Auch die Jäger, von denen nur allzu viele den Luchs noch als Feind und Konkurrenten ansehen, hätten keine ernstlichen Nachteile. Die Jagd hat in den letzten Jahren so sehr an gesellschaftlichem Ansehen verloren, dass die Jäger heute vielerorts Nachwuchsprobleme haben. Eine Entwicklung, die sich in der Schweiz noch viel stärker abzeichnet. Ist es da nicht denkbar, dass Jäger und Waldbesitzer irgendwann sogar dankbar für die von ein paar Luchsen geleistete Arbeit sind?

Selbst der Wolf fände zumindest in den ostdeutschen Bundesländern geeigneten Lebensraum. Die Schalenwildbestände sind vielerorts enorm hoch und die Schäden am Wald gewaltig. Große Waldgebiete sind in öffentlichem Besitz. Diese Landeswälder stellen ein System aus „Trittsteinen" und Überlebensinseln dar, in denen der Wolf sich auch dann behaupten könnte, wenn er außerhalb legal oder illegal geschossen wird.

Es werden nicht ein paar Bären, Wölfe oder Luchse die Jagd ruinieren. Eher jene, die sich illegal an ihnen vergreifen oder mit sachlich nicht haltbaren Behauptungen Ängste schüren.

Es muss aber auch selbstverständlich sein, dass dann eingegriffen werden darf, wenn Bär, Wolf oder Luchs lokal durch ihr individuelles Verhalten *tatsächlich* zum Problem werden. Was in Bayern anwiderte, war weniger Brunos Tod selbst als vielmehr die Unehrlichkeit, mit der dieser gefordert, verteidigt und postmortal bedauert wurde und die ganze Schmierenkomödie, die mit ihm als Hauptdarsteller aufgeführt wurde

*An dieser Stelle sollte ein Interview mit dem WWF Österreich stehen, das uns leider nicht gewährt wurde.*

## In memoriam Bruno

### Aus www.wwf.at:

Der WWF weist darauf hin, dass es im Fall des Trentino-Bären auch alternative Möglichkeiten des Einschreitens gibt. **Fest steht, dass der Bär aus der freien Wildbahn genommen werden muss.**

Montag, 26.06.2006: Heute Morgen erreicht den WWF die traurige und völlig überraschende Nachricht: JJ1 ist tot! Nach den vergeblichen Fangversuchen der letzten Wochen ist der wanderfreudige Braunbär vergangene Nacht im bayerischen Spitzingseegebiet von Jägern geschossen worden. **Der WWF bedauert den Abschuss zutiefst.** Als Bruno oder JJ1 hielt das Tier in den letzten Wochen die Welt in Atem.

Der tragische Verlauf um JJ1 hat gezeigt, wie wichtig es ist, auf den Umgang mit Bären vorbereitet zu sein. Damit sich die Geschichte des jungen Braunbären aus dem Trentino nicht wiederholt, setzen wir auf ein starkes Bärenmanagement. Nur dann können Abschüsse von Bären verhindert werden!

Das wichtigste Instrument im Bärenmanagement ist die laufende Beobachtung der Bären – das sogenannte Monitoring. So können Probleme frühzeitig erkannt und gelöst werden. Ein friedliches Nebeneinander von Bär und Mensch ist auch in einem kleinen, dicht besiedelten Gebiet wie Österreich möglich. **Bitte unterstützen Sie uns dabei mit Ihrer Spende!**

Sie können Ihre Spende auch auf unser WWF-Spendenkonto PSK 1.944.000/BLZ 60 000 einzahlen!

Ihre Hilfe macht den Unterschied!

Danke!

# Literatur

*Andersag, Karl/Oberthaler, Werner*; 2005: Naturgenuss und Weidmannsheil am Beispiel der Reviere Ulten und St. Pankraz, Ideal Verlag, Meran.

*Bibikow, Dmitrij*; 1990: Der Wolf, Neue Brehm Bücherei, Wittenberg.

*Hartig, Georg Ludwig*; 1811: Lehrbuch für Jäger und die es werden wollen, Verlag von J. Neumann, Neudamm.

*Hespeler, Bruno*; 1999: Raubwild heute, BLV Verlagsgesellschaft, München.

*Hucht-Ciorga, Ingrid;* 1988: Studien zur Biologie des Luchses, Ferdinand Enke Verlag, Stuttgart.

*Kalb, Roland;* 1992: Der Luchs, Weltbild Verlag, Augsburg.

*Kobell, Franz von;* 1859: Wildanger, J. G. Cotta'scher Verlag, Stuttgart.

*Kryštufek, Boris/Flaišman, Bodižar/Huw I., Griffiths;* 2003: Living with Bears, Ecological Forum of the Liberal Democracy of Slovenia, Ljubljana.

*Molinari, Paolo/Breitenmoser, Urs/Molinari-Jobin, Anja/Giacometti, Marco;* 2000: Raubtiere am Werk, Eigenverlag Paolo Molinari, Tarvisio.

*Rauer, Georg/Gutleb, Bernhard;* 1997: Der Braunbär in Österreich, Umweltbundesamt, Wien.

*Schweizerischer Forstverein;* 2001: Der Wolf in Italien - Erfahrungen sammeln und Vergleiche mit der Schweiz ziehen, Eigenverlag, Kaltbrunn.

*Sorger, Hans-Peter;* 1995: Der Bär ist wieder da, Leopold Stocker Verlag, Graz.

*Zimen, Erik;* 1990: Der Wolf, Knesebeck & Schuler, München.

# Bildnachweis

4nature/Bildagentur, Wien: Titelseite; 208/209 (P. Weimann)

APA-IMAGES, Wien: 17 (APA-Grafik); 98 (ANP KINA / M. de Jonge)

Archivio Servizio Foreste e Fauna della Provincia Autonoma di Trento, Trient: 10; 40; 42 u.; 43; 44; 83; 107; 108; 124 o., M., u.; 126 o., u.; 127; 128; 132; 187 o., u.

Bruchholz, Siegfried; Rothenburg: 155

Brunner, Bernd; 2005: Eine kurze Geschichte der Bären, Ullstein Buchverlage GmbH, Berlin: 63

Daldoss, Graziano; 1981: Sulle orme dell'orso, Editrice Temi, Trento: 58 r.; 93

DDP, Berlin: 21 r. (Joerg Koch)

dpa/picture-alliance, Frankfurt: 29 (Andreas Leder); 35 (Klaus Gabbert)

Frapporti, Carlo; Trento: 42 o.; 50; 56

Gutleb, Bernhard; Klagenfurt: 188

Haller, Heinrich; Zernez: 148

Hespeler, Bruno; Kadutschen: 39; 45 l., r.; 55 o., u.; 79; 99; 100; 102 l., r.; 105; 145

http://de.wikipedia.org/wiki/Odin: 68

http://de.wikipedia.org/wiki/Ursus_spelaeus: 38

http://www.anti-jagd-demo.de/images/bruno1demozugjuli06.jpg: 33

http://www.dolomitybrenta.cz/images/fotogalerie/16.jpg: 58 l.

http://www.foodnews.ch/allerlei/30_kultur/galerie/skulptur/pages/Romulus_und_Remus.htm: 67

Kryštufek, Boris / Flaišman, Bodižar / Huw I., Griffiths; 2003: Living with Bears, Ecological Forum of the Liberal Democracy of Slovenia, Ljubljana.: 111; 113 o., u.

Landesjagdverband Bayern e. V., München: 26

Metz, Christian; 1990: Der Bär in Graubünden, Desertina Verlag, Chur: 61 (Giuseppe Venzin); 86 (Staatsarchiv Graubünden, Chur); 87 (Naturhistorisches Museum, Bern); 88 und 89 (W. Rauch, Scuol); 91

Molinari, Paolo; Tarvisio: 116; 169 o., u. l., u. r.; 177; 178; 179; 199; 200; 203 o., u.

Molinari-Jobin, Anja; Schwanden: 170

Ott, Wilfried; 2004: Die besiegte Wildnis, DRW Verlag, Leinfelden–Echterdingen: 75; 81; 84 (Deutsches Jagd- und Fischereimuseum, München)

Plettenberg, Franz Graf von; Spremberg: 156; 157; 158

Schweizerischer Nationalpark, Zernez (Hrsg.); 1998: Auf den Spuren der Bären, Desertina Verlag, Chur: 183

Sorger, Hans-Peter; 1995: Der Bär ist wieder da, Leopold Stocker Verlag, Graz: 90 (H. G. Trenkwalder)

Stinn, Winfried; Freiburg: 59

Südtiroler Jagdverband, Bozen: 49; 52 (Georg Kantioler); 97 (Peter Weber); 131 und 133 (Heinrich Aukenthaler)

The New York Times, New York: 21 l. (Roland Schlager)

Ultner Talmuseum, St. Nikolaus: 92

# Inhalt

**Josef Siegen. Zwei Bergtäler im Wandel.**
**Das Durnholzertal und das Lötschental zwischen 1920 und 2000**

Den Reiz dieser Studie machen der Vergleich des Wandels zweier um hunderte Kilometer entfernte Bergtäler aus, in Südtirol das Durnholzertal und in der Schweiz das Lötschental, sowie die Perspektive: der Autor lässt die Bewohner selbst zu Wort kommen, die zugleich Träger und Betroffene der Veränderungen sind. Zudem verdeutlichen zahlreiche Fotos den Wandel.

*336 Seiten | Broschur | Euro 19 | ISBN 88-7283-238-1*

**Paula Brugger. Jagerisch und Olmerisch. Ein Liederbuch**

Das deutsche Volkslied ist vielseitig. So gibt es auch eine Fülle von Liedern, die der Jagd, dem Jägerleben und dem Lebensraum des Wildes gewidmet sind.

„Das Verdienst der Herausgeberin ist es, tradiertes Liedgut, das weitgehend aus der Singpraxis verschwunden ist, wieder verfügbar zu machen, wobei Noten- und Textedition sorgfältig gehandhabt wurden." Institut für Musikalische Volkskunde der Universität Köln.

*125 Seiten | Broschur | Euro 9,50 | ISBN 88-7283-196-2*

**Heinrich Abraham. Wildkräuter. Kochen mit der Natur**

Neben Rezepten für die Zubereitung von Gerichten (Vorspeisen, Suppen, Fisch, Fleisch, Saucen, Salate und Gemüse, Süßspeisen) finden sich auch Rezepte für die Herstellung von Kräuterschnäpsen, -likören, -ölen, Kräuteressig, Kräuterbutter und anderen Kräutermischungen sowie Marmeladen-, Honig- und Siruprezepte.

„Abgesehen von den vielfältigen Rezepten sind die zahlreichen Abbildungen hilfreich für Einsteiger in das Wildkräutersammeln" Der Alm- und Bergbauer

*92 Seiten | Hardcover | Euro 15,00 | ISBN 88-7283-189-X*

**Das Kräuterbuch der Treiner Rosa.**
**Rezepte aus der Volksmedizin.**

Die Südtiroler Bergbäuerin Rosa Schwienbacher, vulgo Treiner
Rosa, hat ihr Leben lang Rezepte für kleinere und größere Weh-
wehchen wie Blähungen, Durchfall oder Migräne sowie weitere
Rezepte für Heilmittel wie Blutreinigungstee, Schwedenbitter oder
Wundsalben gesammelt. Die etwa 300 Rezepte wurden nach ihrem Tod von einer Apothekerin auf ihre heutige Verwendbarkeit hin
überprüft.

*160 Seiten | Hardcover | Euro 15,00 | ISBN 88-7283-177-6*


**Norbert Lantschner. KlimaHaus. Leben im Plus**

Energie sparend zu bauen ist heute Pflicht. Denn wer ein Haus
baut, schafft Fakten – für Generationen. Dieses Buch erleichtert
den Einstieg in die komplexe Welt des energieeffizienten Bauens.
Anhand von 30 Klimahäusern werden Energieeinsparung und Nach-
haltigkeit lebendig, ebenso die Emotion von Wohnen und Leben.
„KlimaHaus schafft Nachahmung, weil es gelungen ist, die Bedürf-
nisse der Menschen in den Mittelpunkt zu stellen: gesund und be-
haglich wohnen und dabei Energiekosten sparen."
Stephan Kohler – Geschäftsführer der Deutschen Energieagentur,
Berlin

*208 Seiten | Hardcover | Euro 29,90 | ISBN 88-7283-242-X*